服装立体裁剪技术与表现

任 绘 张馨月 编著

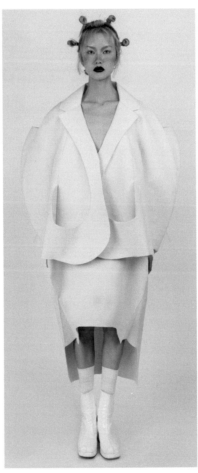

东华大学 出版社·上海

图书在版编目（CIP）数据

服装立体裁剪技术与表现 / 任 绘 张馨月 主编. —上海：东华
大学出版社 2021.7

ISBN 978-7-5669-1813-0

Ⅰ.①服… Ⅱ.①任…②张… Ⅲ.①立体裁剪 Ⅳ.①TS941.631

中国版本图书馆CIP数据核字（2020）第203549号

责任编辑 谢 未

装帧设计 赵 燕

服装立体裁剪技术与表现

编 著：任 绘 张馨月

出 版：东华大学出版社

（上海市延安西路1882号 邮政编码：200051）

出版社网址：dhupress.dhu.edu.cn

天猫旗舰店：http://dhdx.tmall.com

营销中心：021-62193056 62373056 62379558

印 刷：深圳市彩之欣印刷有限公司

开 本：889mm×1194mm 1/16

印 张：10

字 数：352千字

版 次：2021年7月第1版

印 次：2021年7月第1次印刷

书 号：ISBN 978-7-5669-1813-0

定 价：59.00元

写在前面

"标新立异，传承创新"是艺术创作的永恒追求，服装立体裁剪制版技术同样如此。

立体裁剪制版具有广袤的研究空间，它是科学的服装制版方法。当设计师拿起坯布在人台上自由塑造，探寻着面料与人体之间最舒适、最美观的空间形态，用精湛的技术手段，不断地呈现出服装成衣模样的时候，你可曾想过，它们变幻自由、不受拘束，每一处拿捏都是技术的凝练，更是思想的展现。它易于掌握却又难于精通。"空间"是它永恒的研究话题，"技术"是它重要的研究基石，它的创作思维可"正"可"逆"。它既是作品呈现的最佳制版方法，也是创意设计的重要构思过程。

本书从立体裁剪技术表现出发，探寻大师经典作品的技术特点，总结归纳，发现规律，将立体裁剪制版技术系统化、规律化、可复制化，指导服装与服饰设计专业学生、教师及服装行业从业者、爱好者进行更深层次的立体裁剪制版学习与研究。

"服装立体造型制版研究"是鲁迅美术学院染织服装艺术设计系的传统课程。本书沉淀了鲁迅美术学院 32 年立体裁剪制版的优秀学生作品，体现了该学院服装与服饰设计专业的历史性与传承性，曾获得 2006 年辽宁省精品课程、2007 年辽宁省教学成果三等奖、2018 年辽宁省教学成果一等奖。从 2004 年至今，鲁迅美术学院有百余名优秀学生参加"中国大学生立体裁剪设计大赛"并屡获大奖，促进了服装立体裁剪制版技术的普及和推广，从而在全国服装院校中处于重要地位。

本书力求体现鲁迅美术学院染织服装艺术设计系的专业特色定位与人才培养目标，即艺术与技术相结合、服装艺术设计与服装工程技术相结合。学生在学习后能够具备制作高难度服装款式造型的能力，为日后服装设计生涯打下坚实的造型能力基础。

书是传承知识的工具。当本书截稿于案头时，回首望去，总感觉还有不完善之处。好在有广大同仁的慧眼和督促，我们只是一块砖而已。期望您和广大读者展现更高的艺术造诣和更精湛的工匠技艺，奉献于纺织服装业界。

2020 年 5 月于鲁美

目录
Contents

目 录
Contents

目 录
Contents

第一章

立体裁剪概述

第一节 立体裁剪的发展历程

立体裁剪是一种直观、科学、立体的裁剪方法，是将面料披挂在人体或人体模型上，一边裁剪一边造型的设计表现方法。立体裁剪的目的是得到适体、科学、美观的版型以制作出理想的服装造型。

立体裁剪具有悠远的历史，是服装制版的始祖。原始人类将兽皮、植物叶片等披在人休上加以简易的剪切与缝制，并用兽骨、皮条、树藤等材料进行固定形成服装，这便是最原始的立体裁剪。随着人类社会的发展，棉、麻等纤维被发现并制成布料，立体裁剪技术也随之演变、丰富起来。

古埃及、古罗马、古希腊时期，出现了披挂缠绕式服装，即用一块很长的布料将身体前后缠绕起来，从而出现不规则的褶皱、波浪、垂褶等造型。边缠绕可边调整褶皱、波浪的数量与造型。如古埃及的卡拉西里斯，古罗马的托加，古希腊的希玛纯。披挂缠绕式服装的延续时间很长，时至今日的印度纱丽也属于披挂缠绕式服装（图1-1）。

中世纪时期，服装开始进入追求三维空间的立体构成时代。

巴洛克、洛可可时期，更加强调服装的三维立体空间，突出胸部，收紧腰部，蓬松的裙身是主要的服装造型，更加强调三围差别和服装的立体效果。此时期的男装也注重凸显人体的结构与装饰，服装裁剪极其讲究。服装制作时更多地采用立体裁剪技术，立体裁剪在此时得到了更多的继承与发展（图1-2）。

图1-1 古罗马托噶

图1-2 18—20世纪欧洲男装

第二节 立体裁剪操作的基本条件

一、人台的选择与准备

人台是立体裁剪的必备品，是人体的替代品。人台因其目的和用途不同，有多种类型。立体裁剪使用的人台一般为两种，即工业人台和裸身人台。

工业人台指加入了放松量的人体模型，适合工业制版、成衣制版，为成衣化生产服务。腹部、臀部造型不十分明显。

裸身人台更贴合实际人体，胸、腹、臀造型突出，比例完美，适合礼服、成衣、创意设计等立裁制作。

立体裁剪制作中，更多采用的是裸身人台，因为它更符合人体实际形态，更易于创意设计及对布料、松量的理解。一般选用 9AR 标准尺寸裸身人台，即 BL：84、WL：64、HL：91。

二、坯布的选择

立体裁剪操作所使用的面料一般为白坯布，即平纹纯棉布。白坯布价格低廉，耐高温熨烫，易缝制塑型，是立体裁剪的必备面料。根据，密度、厚度不同，白坯布有很多种类，可根据服装的设计要求进行选择。另外一些特殊面料材质如绸缎、纱等的服装，白坯布不能表达其面料特性，为追求样衣版型的准确，可选用实际面料或与实际面料质感相似的低廉面料进行立裁操作。

三、大头针的针法

立体裁剪时，大头针的别法非常重要。正确的针法可以使立裁操作更加方便，进展更加顺利，并且能够得到更加优美、顺畅的服装造型。

（一）固定的针法（图 1-3）

此针法主要指固定前、后中心等处的针法。在同一点，用两根大头针斜向刺入固定。注意，两根大头针需刺入同一针眼，不能分离，否则面料固定不住，易窜位。

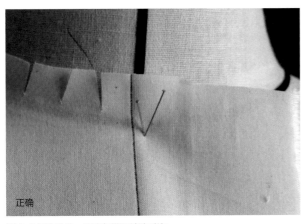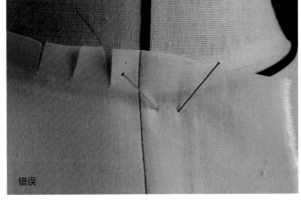

图 1-3 固定针法，正确与错误针法对比

（二）抓别针法（图1-4）

用大头针固定布与布之间的抓合，大头针别合处即为完成线。此针法操作方便、准确，在立裁操作初期常常使用。

（三）折叠针法（图1-5）

将一片布折叠压在另一片布上时，使用此针法固定。折叠线即为完成线。立裁作品趋于完成时，各缝合线可使用折叠针法，造型优美、完整、顺畅。

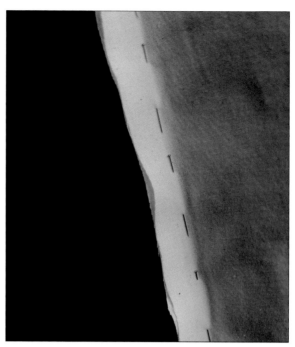

图 1-4 抓别针法

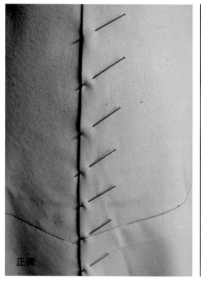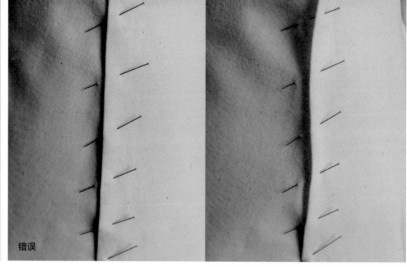

图 1-5 折叠针法，正确与错误针法对比

（四）裙底摆的别合针法（图1-6）

别合裙底摆时，大头针应顺应面料丝缕纵向别合，不能横向别合。若底摆处运用横向针法，会影响裙摆的顺畅性，裙摆会翘起。

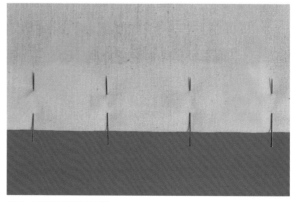

图 1-6 裙底摆的别合针法

第三节 立体裁剪的"空间"概念

一、服装与人体的关系

服装穿着于人体之上，是为人体服务的，故人体的舒适度、美观度是服装设计制作时首要考虑的前提，立体裁剪技术也不例外。运用立体裁剪技术进行服装打版能够更直观、更有效地观察到服装穿着在人体之上的状态，对服装的松度、空间状态、比例等能够进行随时调整与设计，这是平面裁剪技术无法企及的。

二、服装的放松量

为了满足服装的舒适度，在服装打版时应对人体必要的活动量有相应的设计。如立体裁剪操作中 BP 点的 1cm 松度，侧缝线胸围线处 1.5cm、侧缝线腰围线处 0.7cm 松度的加放、肩胛骨 1cm 的松度及裙原型中臀围线 1 ~ 1.5cm 松度的加放等，都是对人体活动量的追加，是不能被忽略的。在打版设计时应根据所做服装的款式、穿着季节、活动情况酌情加入放松活动量，而不是死记硬背，不知变通。

三、服装与人体之间的"空间"状态

服装与人体之间的"空间"状态是一个比较抽象而又实际存在的现象。这种空间状态可以使服装的形态更加优美、版型更加高端。如做成衣时的箱型结构就属于这种空间状态。另外，根据服装的不同款式，空间状态也是多样的，服装的不同部位也存在不同程度的空间状态，如领子、衣身、裙子、裤子等。服装绝不是紧贴在人体上，而是与人体之间存在空间状态的，在制版时要善于塑造、发现这种空间状态。

四、服装基本空间形态——箱型结构

箱型结构是立体裁剪的重点及难点所在。任何造型优美、品质高档的外套都不是紧紧地贴在人体上不留一点空隙的，而是要有"型"，松紧得体。这就需要面料与人体之间存在一定的空间关系，而此空间也根据人体的特点、服装款式的特点具有一定的形态。

人体是三维立体的，不是二维平面的，在人体正面与侧面间，有一条转折线，如图 1-7，此处即为箱型结构处，也可以将人体理解成一个箱子的形状，连接箱子正面与侧面的棱线处即为箱型结构处，在画素描时，常常是明暗交界线的位置。此处转折线的位置，是立体裁剪上衣制版中最为重要之处，箱型结构处理的好坏，直接决定了作品的优劣，面料不能与人体紧贴，要有空间余量。最后从人体正面、侧面、背面看都要形成箱型，这在立裁制版中较难把握，需反复练习。

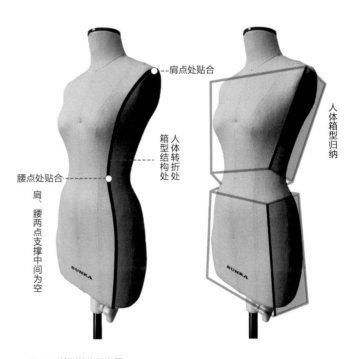

图 1-7 箱型结构示意图

肩点处贴合

腰点处贴合

箱型结构转折处

人体箱型结构转折处

肩、腰两点支撑中间为空

人体箱型归纳

第二章

基础立体裁剪技术表现

　　立体裁剪是一门既自由又严谨的制版技术。说它自由，是因立体裁剪是创作者与人体间自由的互动造型过程。说其严谨，则因立体裁剪并非简单地用坯布在人台上缠裹，而是在造型过程中要时刻注意服装与人体间的空间形态及松度，要时刻观察服装正面、侧面、背面造型是否完美。即便是基础的服装款式，运用立体裁剪技术进行制作时也应时刻观察服装与人体之间的空间形态、适量松度及360°的造型特点。

第一节 基本领型的技术表现

领子是服装的重要组成部件，具有装饰与实用的功能。领子围绕脖颈，与领围线有关。在设计与制作领子时，要充分考虑领围线的位置尺寸。另外，人体脖颈所需要的活动量不多，余量为一手指松度即可。

常见的基本领型大致为立领（中式领）、翻领、平领（娃娃领）、海军领、西装领等，如图 2-1 所示。

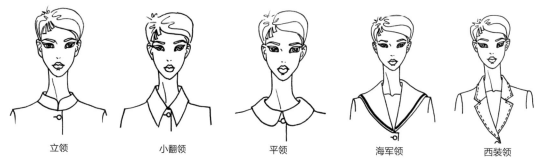

立领　　　　小翻领　　　　平领　　　　海军领　　　　西装领

图 2-1 常见的基本领型

一、立领

小立领也称中式领，因早期出现在中国旗袍等民族服饰中而得名。小立领围绕脖颈，基本与脖子形态相符，在小立领制作方法的基础上，可以进行众多的立领领型及领座高度的变化。

领弧线的确认是领子立裁制版的重点。领弧线是保证立裁版型得以实现的重要保证。无论领型如何变化，立领领弧线处的技术方法是一致的，标线时注意侧颈点的标注（图 2-2）。

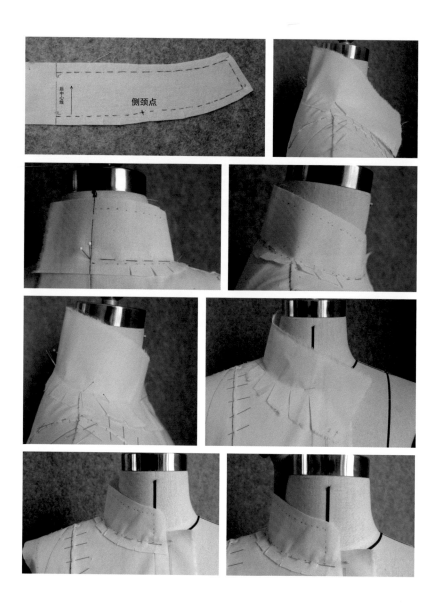

图 2-2 立领的制版方法

■ 作品应用范例一（组图 2-3）

组图 2-3 （作者：吴蓉）

　　组图 2-3 所示连衣裙作品中的领型为典型的小立领，采用小立领的立裁制版方法制成。此款作品中，简洁的立领造型与服装的整体款式搭配顺畅、自然。此款服装为带分割线的连衣裙，分割线在下胸围线处。服装臀围线以上较合体，臀围线以下为散开的对褶裙造型。袖口处为掐对褶的立体造型。衣身领口弧线处外扩的领口省与下胸围处内敛的胸省相衔接，又引领出对褶裙在腰部随体的对褶结构线，后在臀围线处散开对褶为膨起的裙型。服装的整体线条收放有序、顺畅自如。

■ 作品应用范例二（组图 2-4）

组图 2-4（作者：孙悦）

组图 2-5
制版过程

此作品（组图 2-4）亦为小立领的典型用法，不同的是，在立领下（服装领弧线处）设计了一个领肩造型。此领肩在领弧线处无褶皱，下摆处有起伏波浪，采用了大斜裙的立裁打版方法（见第 62 页大斜裙的打版方法），此处为服装的设计及视觉重点。组图 2-5 为此款服装的打版过程。

■ 作品应用范例三（组图2-6）

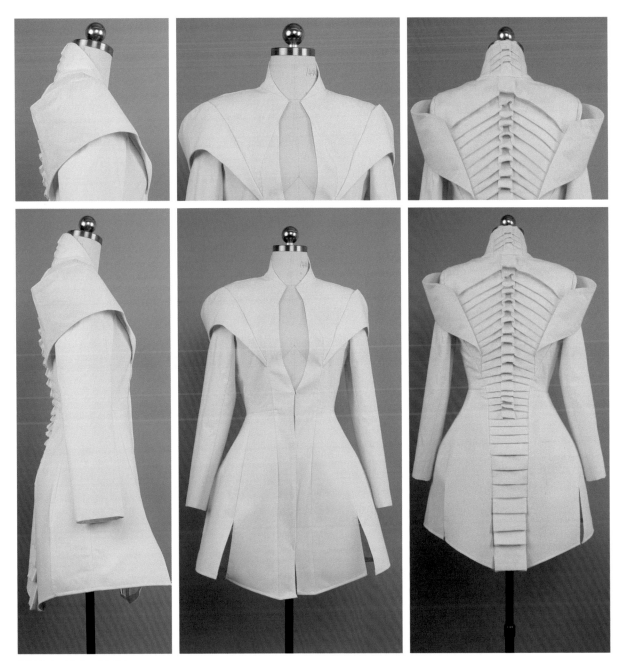

组图2-6 （作者：王冬越）

此作品（组图2-6）的领型为立领的变形，制版方法同小立领一致，前中心线两侧领子的领头处，与服装款式相配合做出变化。外领型线在脖子的侧面直接下连至前中心点两侧，与衣身前门襟的弧线连贯。

此款服装的设计重点在后衣身。从后领至后背再至后衣摆，均做出了打褶拱起的立体褶造型，造型新颖、独特，创意性十足。

制版过程（组图2-7）：

（1）标线：分析款式结构，画出结构分析图。再根据款式结构在人台上标线。标线时，应反复确认结构分割线的位置及各部分的比例关系。

（2）衣身制版：根据标线的位置，打版制作。打版时，应注意箱型结构的空间状态。服装不应紧贴于人体之上，面料与人体间应保留适当的空间。

（3）胯部造型为稍微拱起的立体空间造型，打版时，应注意图中G线及侧缝线为弧线，弧度的大小决定造型鼓起空间的大小，如图2-8所示。

（4）后衣身处制作层叠褶皱，由于褶皱层层相压的关系，故从最下面一层的褶皱做起。腰部以下无褶皱拱起，腰部以上条状层叠在后中心线处掐对褶拱起造型，一直到立领上缘。背部的立体褶皱突出脊柱感觉，具有独特的创意设计特点。

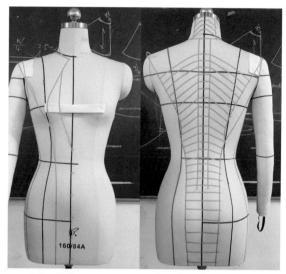

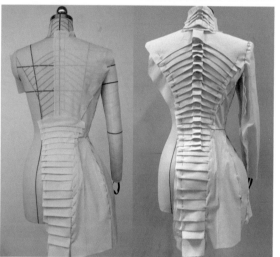

组图 2-7 制版过程

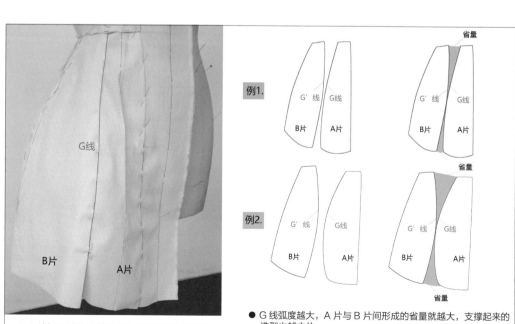

组图 2-8
制版过程分析

● A 片与 B 片的 G 线弧度决定造型的鼓声程度

例1.

例2.

省量

● G 线弧度越大，A 片与 B 片间形成的省量就越大，支撑起来的造型也越立体

二、翻领

小翻领是衬衣领的一种，领座与领面连为一体，采用一块面料。小翻领可改变领型及提高领座等。制版时，应注意翻领与脖颈的空间状态，从领子正面看，外边缘轮廓呈梯形，并与脖颈有一根手指的松度。领子上翻领边缘线要盖住领围线。领围线后颈点 2.5cm 左右，要始终保持与后中心线垂直。 制作难点为翻领的翻折印上领面与翻折印下领座面料的顺畅，避免横向或斜向褶皱的产生。

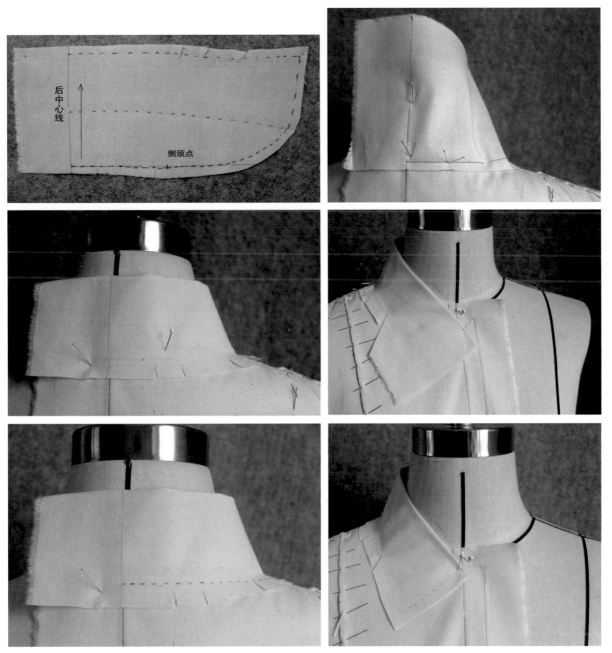

组图 2-9 翻领的制版方法

■ 作品应用范例一（组图 2-10）

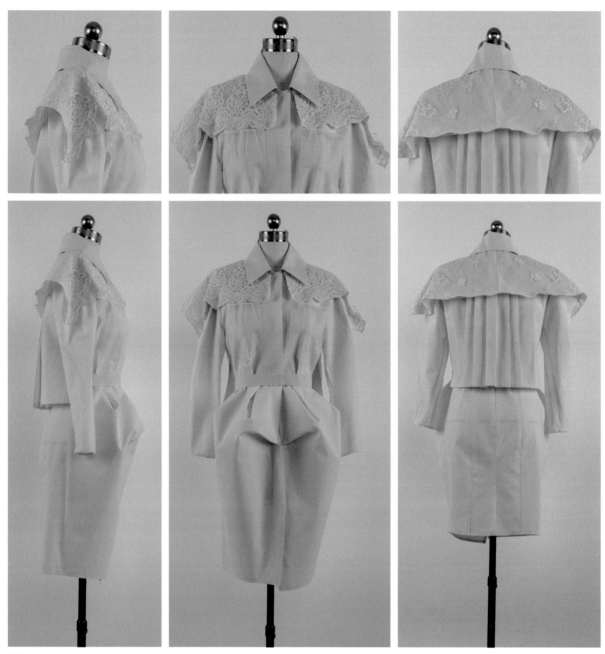

组图 2-10（作者：杨帆）

　　此作品为典型的小翻领领型，搭配短披肩结构，造型美观、大方。此款服装为上下分体结构，前衣身掐腰省并披在裙腰中，后衣身为宽松叠褶结构。前裙片利用两个省道做出蓬松立体造型，省量较大。前裙片的蓬松与后衣身的宽松造型前后呼应、张弛有度，并巧妙运用蕾丝、薄纱等辅助材料，使坯布成衣的视觉效果更加丰富。

■ 作品应用范例二（组图 2-11）

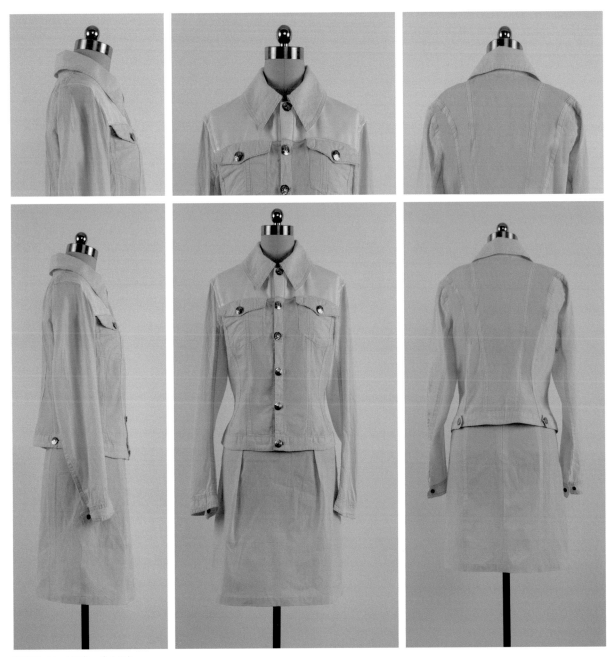

组图 2-11 （作者：韩文越）

　　此作品为一款白坯布制作的夹克套装，虽面料采用廉价白坯布，但搭配辅料及采用工艺却并不马虎。服装搭配 PU、牛仔亮扣，工艺采用双明线，且制作完成后经过水洗处理。服装领型为翻领，上缉双明线。

■ 作品应用范例三（组图 2-12）

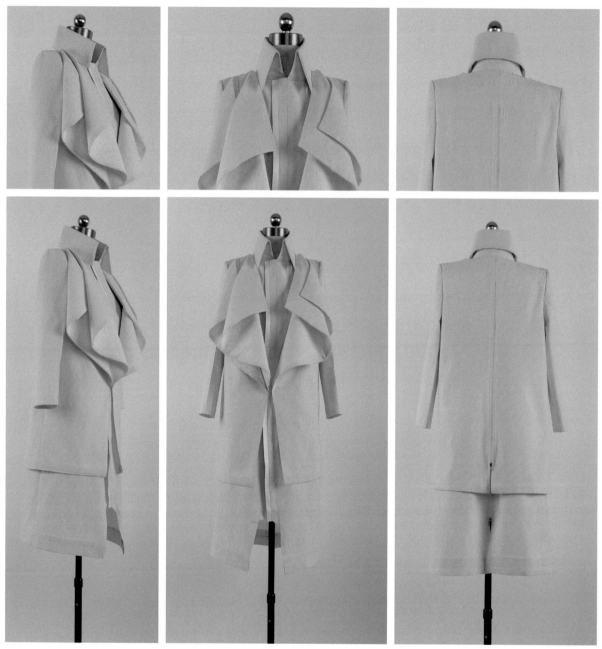

组图 2-12 （作者：甘玉莹）

　　此作品为一款 H 型大衣。衣领为提高了领座高度的翻领造型，制版方法同翻领的立裁制版方法一致。衣身前中心线处为两层层叠的波浪造型，旋律优美，富有动感。内衬为精致蕾丝面料，在笔挺的整体造型中体现飘逸与柔美特质。

制作过程：

（1）组图2-13所示是此款服装的立裁制版过程，衣身为双层结构。底层衣长至膝盖处，领围线处做翻领造型。上层结构衣长至臀围线下10cm左右。

（2）上层结构在前中线处翻折出第一层波浪造型。第一层波浪造型确定后，翻折线内侧接另一层波浪造型，并将拼接线隐藏。

（3）衣身造型确定后，双层衣身结构在袖窿线处整理一致，重合绱两片袖。

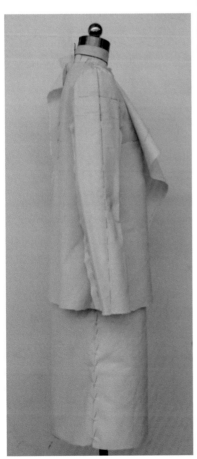
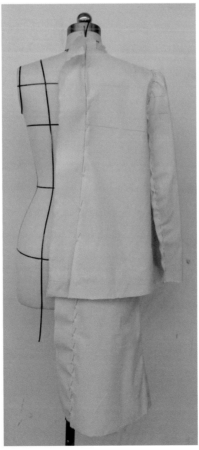
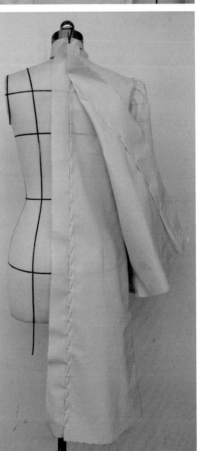

组图2-13 制版过程

三、平领、海军领

平领与海军领的打版制作方法一致，只是在领型上有区别。

平领即没有领座的领子，从领口直接翻出来。因为没有领座，平领会使脖颈显得修长。领型呈圆角的平领也称娃娃领，通常用于童装设计，给人以可爱、活泼的视觉审美。

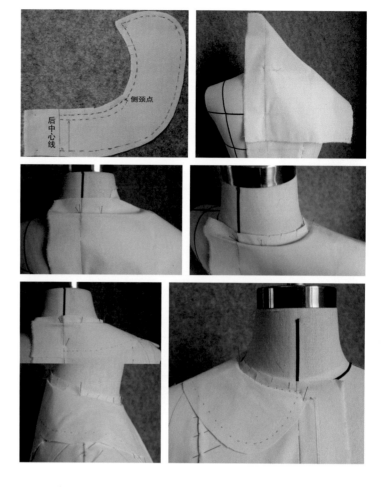

组图 2-14 平领的制版方法

海军领也称水手领，是平领的一种，也是无领座，领子直接从领口翻出来，做法同平领一致。海军领只是领型与平领有区别，前身呈 V 字领口，后领型较大，披在肩上。

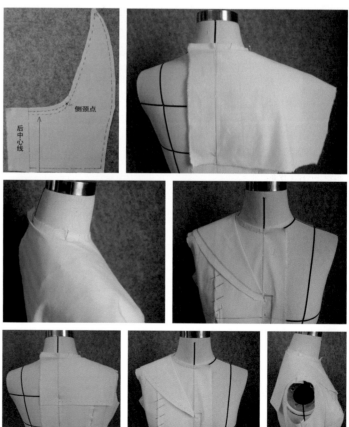

组图 2-15 海军领的制版方法

■ 作品应用范例一（组图 2-16）

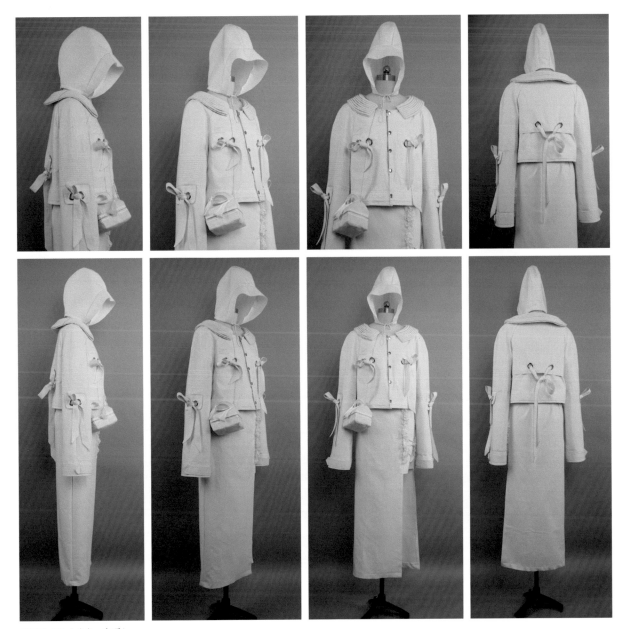

组图 2-16（作者：高璠）

　　此作品是一款制作工艺精致、搭配协调、视觉比例优美的坯布成衣作品。服装领型为平领，且装饰裹绳元素。另外，打孔、叠褶、流苏等设计元素穿插点缀在整体服装造型中，大大丰富了视觉审美需求。服装的松度适当，面料与人体间的空间关系合理，是一款优秀的立体裁剪作品。

制作过程（组图 2-17）：

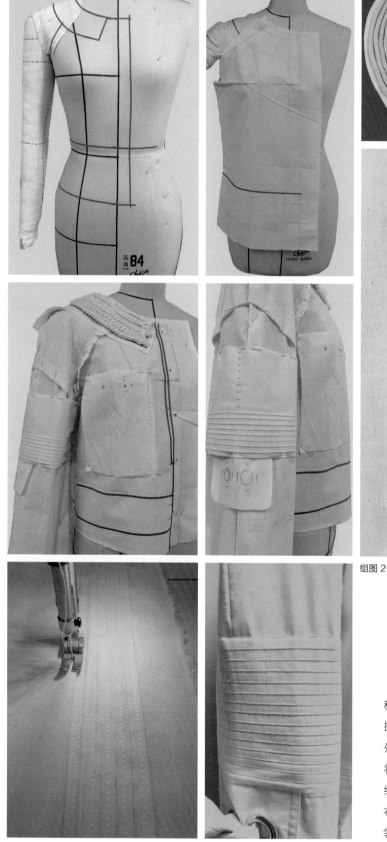

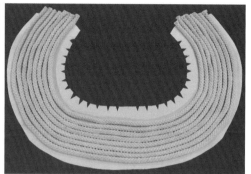

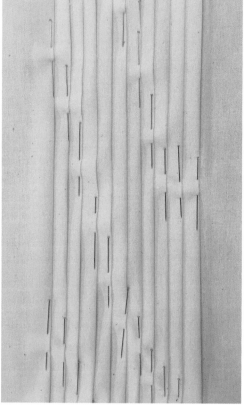

组图 2-17 制版过程

组图 2-17 所示是范例一作品的制版过程。此款服装在制作时要注意箱型结构的把握。上身呈宽松造型，只掐一个胸省。袖肘处做叠褶处理。领子采用平领制作方法，先将平领版型得出，再在其上排列粗度适中的线绳。确定线绳的条数及长度，45°斜丝裁布条做裹绳工艺处理后，将线绳手工缝缀在领面上。

■ **作品应用范例二（组图 2-18）**

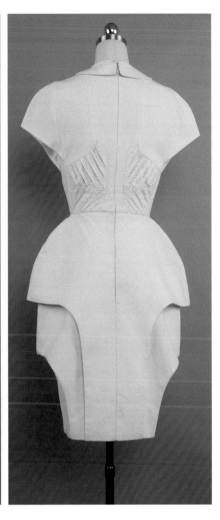

组图 2-18（作者：王智慧）

　　此作品是一款立体造型感强、制作细节精美的坯布成衣作品。此款服装的领子为平领，上嵌珍珠细节装饰，细腻优美。服装的胸部及背部为分割结构，并做叠褶处理，将前后身胸腰间余量处理进叠褶中。裙子造型部分是此款服装的设计重点，三层裙子，空间立体感强，每层裙子之间的空间关系把握较好。

制作过程（组图2-19）：

（1）标线：首先在人台上按服装款式将分割线画出，注意每条分割线的位置及比例关系。

（2）上身制版：根据胸腰处的叠褶设计，将胸腰余量处理进叠褶量中。由于胸部突出，每条叠褶的叠进量是不一致的，但在视感觉上，每条褶的间距要均等，并注意上下片叠褶位置要对齐。

（3）裙子制版：此款裙子为三层结构的立体空间感较强的裙子。首先做出最下层的底裙，直筒裙即可。再在其上制作第二层及第三层的裙子。第二层及第三层裙子要与其下层裙子间具有空间感。空间感的制作重点在侧缝线。通过寻找前后裙片侧缝线的弧度，得到不同空间量感的裙型，根据造型需要确定空间量感。

（4）此款服装领型为普通的平领，制作时注意领型与衣身的比例关系即可。

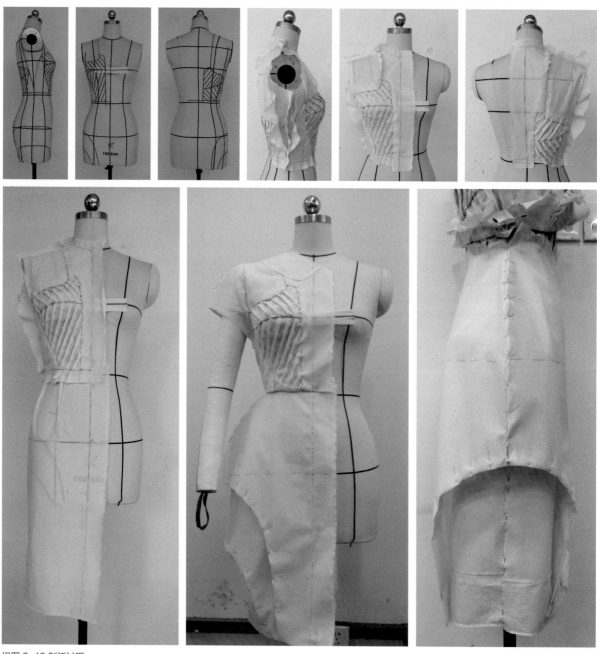

组图 2-19 制版过程

四、西装领

西装领是西服套装的重要部件，是比较难操作的领子。西服驳头可以进行领型变化，如翻驳头、枪驳头、青果领等。无论驳头领型如何变化，领弧线的处理方式是一致的。西装领的标线非常复杂，正确的标线是做好西装领的关键。

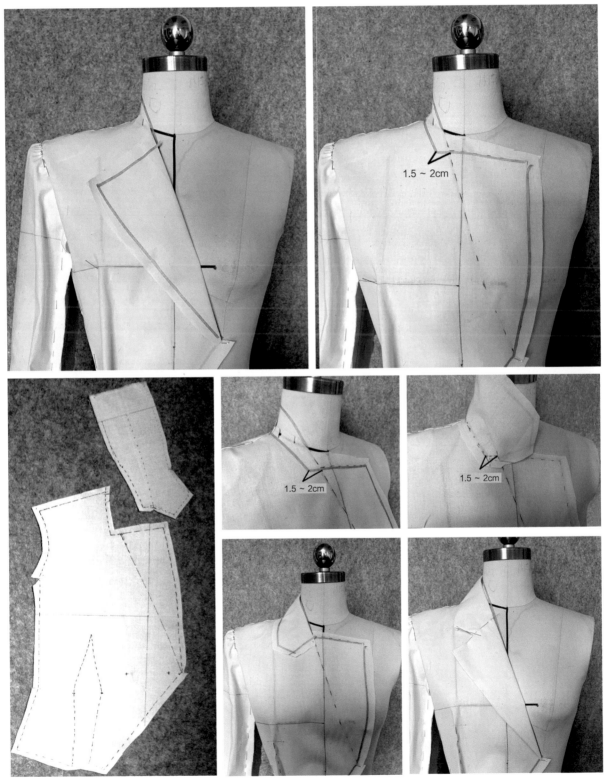

组图 2-20 西装领的制版方法

■ 作品应用范例一（组图 2-21）

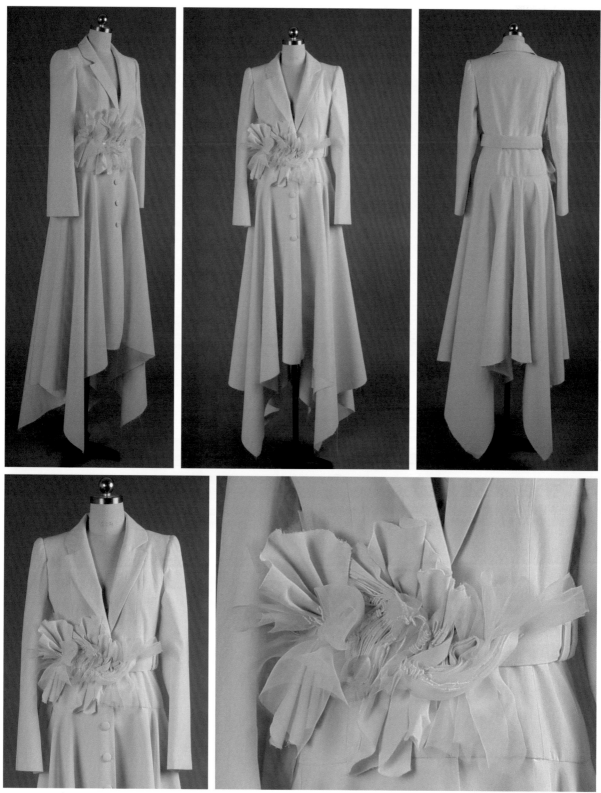

组图 2-21 （作者：高宇萌）

　　此作品是一款造型优美、大气的成衣套装。款式为公主线分割西装与大斜裙的组合，领型为西装翻驳领。材质
搭配丰富的腰带设计，丰富了服装的细节，是整款服装的点睛之笔。

制作过程（组图2-22）：

（1）此款服装为经典款服装造型，故运用常规的公主线西装及大斜裙的技术技巧进行上装及下裙的立裁制版。需要注意上装及下裙的拼接线的位置，注意其与其他服装部位的比例关系。制版时注意服装的松度及空间造型。

（2）为了丰富服装细节，作者在腰部进行了丰富的装饰设计。搭配不同材质并反复试验其放置位置，注意疏密及比例关系，最后形成这款造型优美、细节丰富的成衣作品。

腰带试验

组图2-22 制版过程

■ 作品应用范例二（组图 2-23）

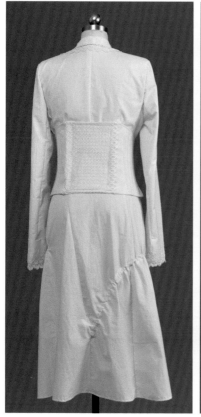

组图 2-23（作者：郑越鸣）

此款成衣套装作品款式经典、造型活泼，复古腰封及抽褶裙的设计为套装增添了活力。另外，服装在结构比例、工艺及装饰细节等方面表现较好。

制作过程（组图 2-24）：

此款套装的制版过程遵循标准西装的立裁制版方法。制版时应注意服装的空间形态及服装的松度。抽褶裙的制版是在斜裙的制版基础上进行抽褶变化。抽褶时注意褶皱位置在整体造型中的比例审美和褶量及其层次关系。

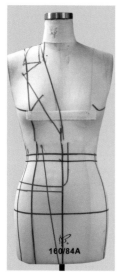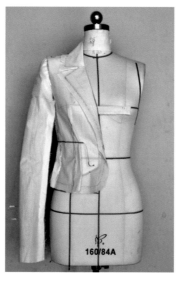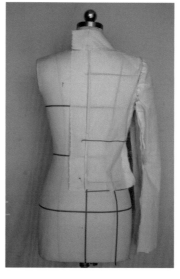

组图 2-24 制版过程

第二节 基本袖子的结构分割及技术表现

袖子是服装的重要组成部分，它与手臂的活动有密切关系。在设计袖子时要充分考虑胳膊的活动量及服装的穿着场合等因素。如运动休闲类服装，要充分考虑手臂的活动量，袖子的肥度要适于胳膊大幅度的运动需要。西装等正式类服装，则应将服装的修身美观性作为首要考虑的因素，袖子应更加合体、美观，可加入小幅度的手臂活动量。

袖山高与袖子的美观合体性、袖肥及活动量息息相关。袖山高即腋点与胳膊画垂线连接点到肩端点之间的距离如图 2-25 所示。

如图 2-26，袖山越高，袖子的合体性、美观性越好，袖肥越窄，手臂活动量越小，胳膊无法举得很高。西装等正式服装的袖山相对较高。相反，袖山越低，袖子越肥，袖子的活动量越大。但当手臂放下时，腋下会出现很多褶皱，袖子的合体性、美观性较差，故休闲运动的宽松类服装的袖山相对较低。

袖子的种类繁多，从结构上主要分为一片袖、两片袖、连身袖、落肩袖、插肩袖、蝙蝠袖等。

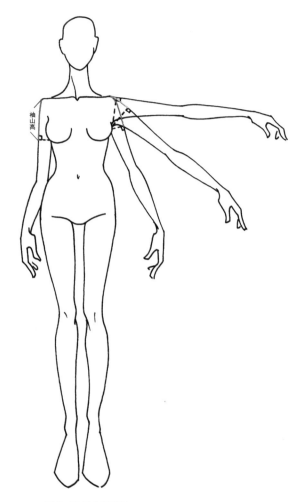

图 2-25 袖山高原理

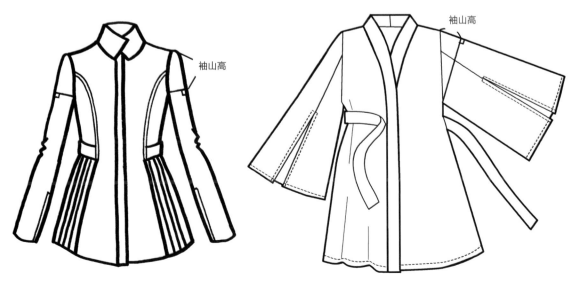

图 2-26 袖山高影响袖子肥度

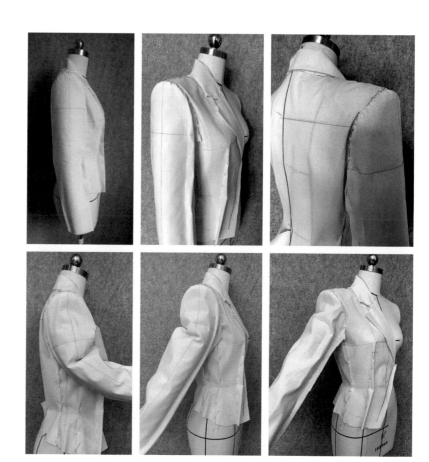

★**袖子制版的关键之处**：在袖子制作过程中，最关键之处在于袖子与前后衣片的关系。以西装外套制版为例，绱袖的袖窿线应置于后衣片的嘎背空间（横背宽线与后腋点的转折空间）里侧及前衣片的箱型结构空间里侧。这样做的目的在于，当胳膊静止时，前后袖窿弧线不易显露；胳膊活动时，服装造型也不易受牵拉变形，前后衣片适当的空间留取，很好地抵消了胳膊运动时所需的活动量。如图 2-27，胳膊前伸时后衣片嘎背空间展开，衣身不会受牵拉上提，胳膊后摆时，前衣片箱型结构空间也起到了补充活动量的作用，衣身状态不会受到影响。

组图 2-27 袖子手臂运动示意图

一、一片袖

一片袖是非常常见的袖子结构，在运动休闲、衬衫类服装中经常使用。一片袖较两片袖的制作方法相对简单。

一片袖在制作时可将假手臂放置在桌面上进行操作。为了顺应小臂向前倾斜的袖子造型，一片袖在制作时应加入省道。常见的一片袖省道有肘省及袖口省。

在制版时，应注意袖肥的捏取，手臂前侧袖肥为 1.5cm，后侧袖肥为 2cm，小臂处余量在袖肘或袖口处捏取省道。顺应手臂前倾造型捏取袖肥并归拢省道是一片袖制作的重点及难点，应仔细斟酌领会。

在平时制作及服装生产中，由于一片袖的制版方法较为经典普遍，常采用平面裁剪的方法进行制版，在大部分的一片袖服装中，肘省或袖口省也常常省略。

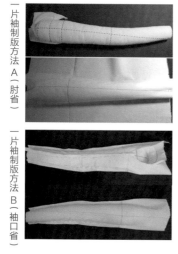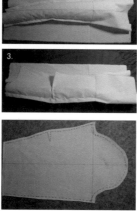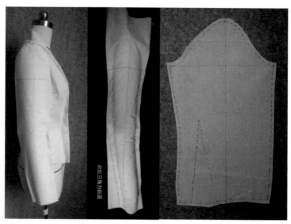

一片袖制制版方法 A（肘省）

一片袖制版方法 B（袖口省）

组图 2-28 一片袖的制版方法

二、两片袖

两片袖是正式类服装经常用到的袖型。两片袖由于两条分割线的缘故，袖型比较合体，能够充分表达出手臂前倾的形态，西装使用两片袖较多。两片袖分为大袖片与小袖片，由于大小袖片的两条分割线，手臂前倾的余量分散进分割线中，不必再捏取肘省或袖口省。

两片袖在立裁制版时也应注重袖肥的捏取，前侧袖肥1.5cm，后侧袖肥2cm。另外应注意大小袖片分割线的位置，应藏在袖肥量后。两片袖在立裁制版时，袖窿线的别合是难点，应采用缩别针法，将袖包量均匀地别进袖窿线中，此处操作较难，应反复别合校对。

由于两片袖的立裁制版方法难度较大，故在平时的生产制版时，对于常规的两片袖经常采用平面裁剪制版方法。

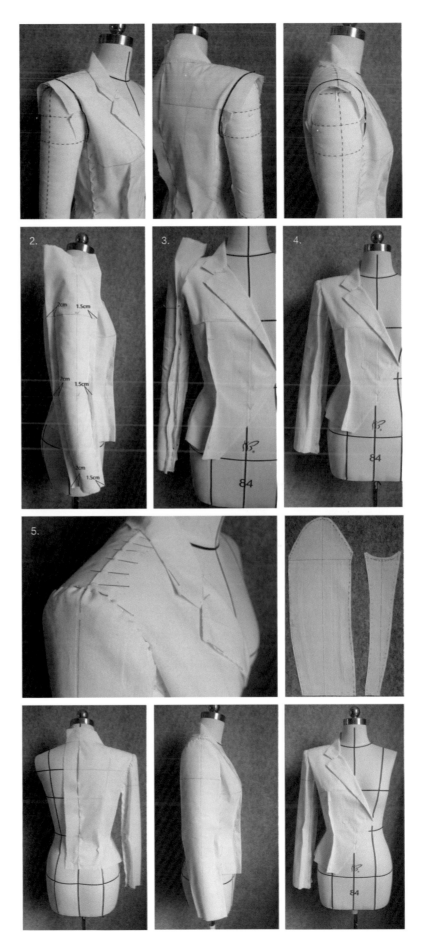

组图2-29 两片袖的制版方法

■ **作品应用范例（组图2-30）**

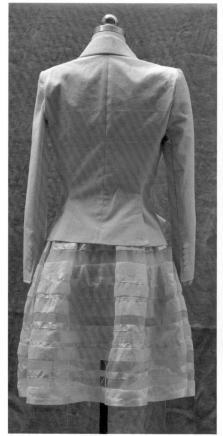

组图2-30（作者：李明玉）

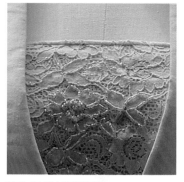

图2-31 胸衣装饰细节

此款成衣套装的袖子是典型的西服两片袖。采用立体裁剪制版方法制作。整款套装层次分明、典雅大方，在服装抹胸及裙子上，设计师搭配合适的辅料，对白坯布做了再次处理，使单调的坯布样衣富有变化，丰富整体成衣效果。

服装的抹胸部分，设计师在白坯布上覆盖了一层蕾丝面料，并根据蕾丝面料的图案特点，缝制了米粒珠进行细节的装饰与点缀，使坯布样衣更具有细节看点，如图2-31所示。

下身的褶裙则采用了面料拼接方法对白坯布进行再处理。设计师将坯布面料与其他本色面料（如本色缎带、本色欧根纱、本色纱布等）拼接缝合，构成崭新质感的面料后再进行褶裙造型的制作。通过将白坯布与透明面料的拼接搭配，整体服装感觉通透、层次分明，如图2-32所示。

图2-32 裙子面料搭配细节

三、其他袖子种类

（一）连身袖

连身袖即没有袖窿线，袖子与衣身为一整块布料连裁得出的袖型。连身袖在日常生活中的应用范围比较广泛，常出现于大衣造型中。蝙蝠袖等也属于连身袖范畴（组图2-33）。

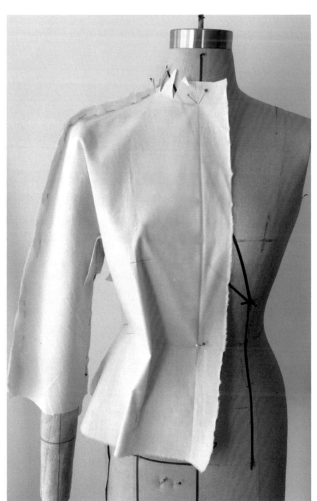

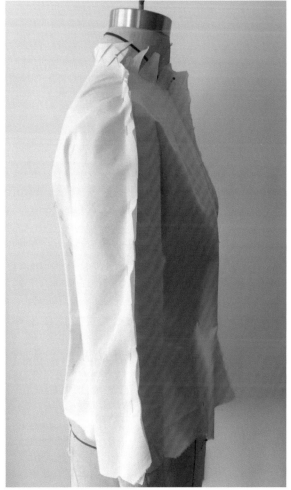

组图 2-33 连身袖

■ 作品应用范例（组图 2-34）

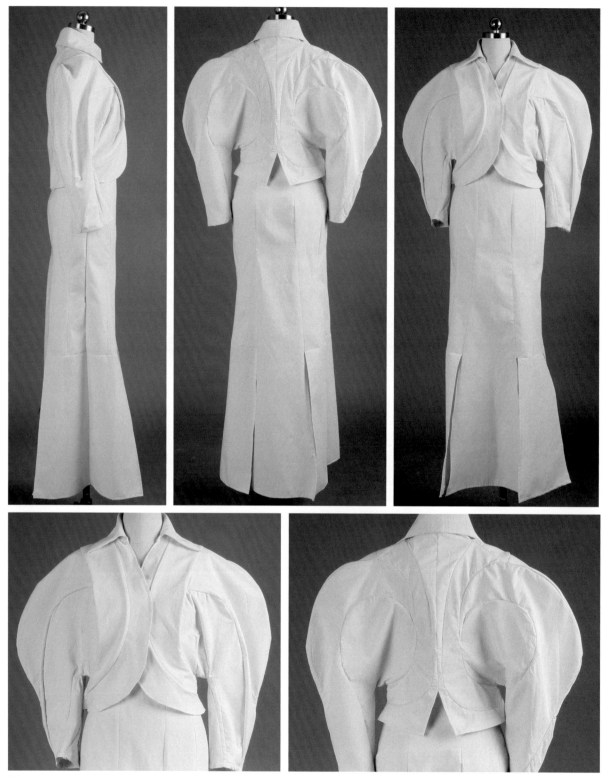

组图 2-34 （作者：王博宇）

　　此款服装为一款造型夸张的连身袖套装，整体服装夸大袖子造型，服装分割线围绕鼓起的袖子造型在衣身中游走，线条感强烈。为了袖子造型需要，在部分服装分割线中嵌入了纤细龙骨。

　　此款服装的版型复杂，立裁制版方法有一定难度，设计师能够将此造型制作出来，实属不易。

制作过程:

此款服装的制版及制作过程具有一定的难度。设计师在制作时进行了无数次的制版及缝纫试验,才得出此款成衣作品。

(1)初步试验:正式制版前,分析款式结构,绘制结构草图。对于复杂造型的服装,若对服装结构的制版方法把握不大,可以先在二分之一小人台上做制版试验。在二分之一小人台上摸清服装结构规律,初步制定制版方法,做到心中有数(组图2-35)。

(2)标线:对服装结构有一定把握后,正式进入立体裁剪制版阶段,首先在人台上安装假手臂并根据结构款式图在人台上标线(组图2-36)。

(3)衣身制版:根据服装款式及人体标线,在人台上进行衣身制版,前后衣身处没有特殊造型,可正常按照标线制版,制版时要注意服装的松度。设计师在制版时将龙骨嵌进结构线中,观察龙骨嵌入效果(组图2-37)。

(4)袖子制版:基本衣身制作完成后,开始制作此款服装的关键部分,即连身袖部分。此款服装的连身袖为4片袖,前身2片,后身2片。从严格意义上说,前袖片中的A袖片属于绱袖工艺,B袖片属于连身袖工艺;后衣身C、D袖片均为连身袖制版(组图2-38)。

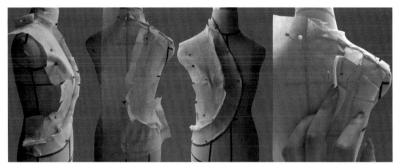

组图 2-35 初步试验

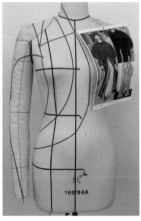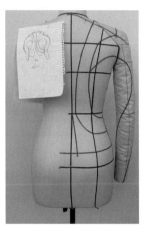

组图 2-36 人台标线

组图 2-37 衣身制版

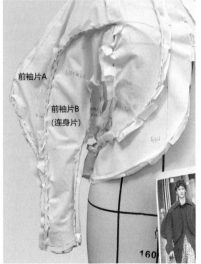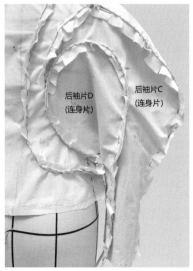

前袖片A

前袖片B
(连身片)

后袖片D
(连身片)

后袖片C
(连身片)

组图 2-38 袖子制版

　　首先制作前袖片的 A 片，此片与衣身衣片有一条袖窿线。为了制作出袖子外鼓的廓形，袖子在袖中线处应该有一条分割线，一般此分割线与肩线顺延（图 2-39 中 A 线）。但在图例中，此条分割线的上半部分呈后移位（图 2-40 中 A 线），造型较新颖，也具有一定的制版难度。

　　在制作连身袖时，袖中线与肩线顺延的分割线是必须的，此线（图 2-39 中 A 线）能够将手臂与肩之间的弧度完美地呈现出来，分散掉多余的量。另外，在制作袖子有特殊廓形的款式时，此线更能够发挥作用，将特殊造型完美地表达出来（如该款服装袖子外鼓的廓形）。

　　（5）制作关键的连身袖片：袖子与衣身部分为一整块面料，制作时为了保证胳膊的活动量及服装空间造型美观，应将胳膊抬起，将衣身与胳膊的连身坯布尽量往胳膊与身体之间的空间送。这样操作有利于保证胳膊的活动量，同时能够将衣身的箱型结构塑造出来。此款服装在此步操作时，做得不够到位，衣身的箱型结构没有太多表现出来。

　　（6）连身袖在最后操作时，腋下要加一块菱形或三角形插布，以保整胳膊的活动量。插布的具体形状及大小，根据腋下所缺面料的实际大小决定。

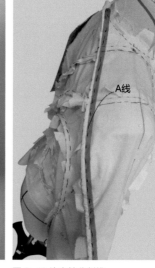

图 2-39 连身袖分割线　　图 2-40 连身袖分割线

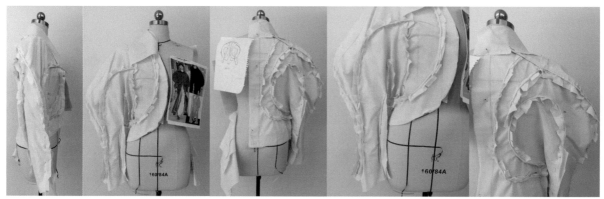

组图 2-41 衣身制版过程

　　（7）裙子制版：根据裙子款式，制作版型。此款为拼片裙造型，制版时将腰臀差量分担进拼片分割线中，如组图 2-42 所示。

组图 2-42 裙子制版过程

（二）落肩袖

落肩袖是袖窿线下移的袖型，落肩袖的袖窿线不经过肩端点，相对下移，制版制作上较普通袖型简单，容易操作（组图 2-43）。

■ **作品应用范例（组图 2-43）**

组图 2-43（作者：杨昕）

此款长裙比例优美，造型新颖、大方。修长的衬衫领型、不规则的拼接褶裙及具有个性的袖型，勾勒出服装特有的审美情趣。

该款服装的袖子部分十分有趣，是落肩袖与圆装袖相结合的立裁作品。此件作品的制作难度也体现在袖子部分。

组图 2-44 制版过程

制作过程（组图 2-44）：

（1）按照常规制版顺序，将衣身、衬衫领及大斜裙版型打出。注意服装各部分的比例关系。上衣部分，在胸部以上设计了两条分割线，将衣身分开，同时此部分 B 区域亦作为连接落肩袖与圆装袖的纽带，如图 2-45 所示。

（2）B 区域以上部分的袖子为普通圆装袖，根据袖窿装配袖子，袖口部分与 B 区域上分割线相连。

（3）在 B 区域下分割线处，安装落肩袖。此款落肩袖在鼓起处设计了一条上下分割的结构线，利用此线可将袖子一周塑造鼓起造型，而不仅局限于袖子外轮廓线处。

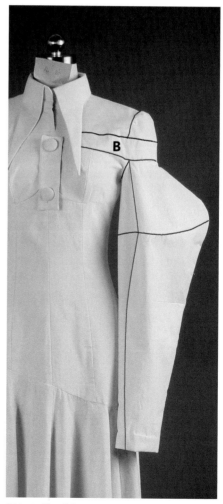

图 2-45 袖子结构示意图

（三）插肩袖

插肩袖属于连身袖的一种，袖子与衣身部分相连。一般在腋下会有一条分割线连至领口或肩线处。插肩袖与连身袖的制版方法基本一致（组图2-46）。

■ **作品应用范例（组图2-46）**

组图2-46 （作者：梅至仪）

此款作品造型优美，比例协调，装饰细节到位，是一款版型准确、做工精良的成衣作品。

制作过程（组图 2-47）：

组图 2-47 制版过程

（1）制版时，注意服装的整体比例关系，腰节线位置略微提高，增长下半身比例。

（2）服装的袖子部分为插肩袖造型，与衣身在肩线与腋下形成曲线拼装线，并在结构线处嵌入精致花边。此款插肩袖在腋下部分还设计有一片小袖片，使袖子造型更加合体。

（3）在制作时，袖子中线连接肩线处开剪，便于塑造袖子外轮廓造型，如图 2-48 所示。

（4）此款服装的裙子部分是对褶裙造型，围绕周身，均匀分配对褶的个数。注意对褶开放点的位置，每个褶的开放点应水平一致，不能有高有低。

（5）捏取对褶时，注意褶量的大小，从捏褶处至裙摆处，观察每个对褶的形态和其在裙摆处的空间形态。

图 2-48 成衣细节

（四）特殊袖型

特殊袖型指非常规的服装袖型，一般造型奇特、夸张，极具特色。特殊袖型无论造型如何特殊，其绱袖方法也能够归纳于上述的常规配袖方式中，如圆装袖、插肩袖、连身袖等。

特殊袖型一般具有一定量感，夸张的袖型非常注重其与人体之间、与衣身之间的空间关系。在设计及制作此类袖型时，应格外关注服装的空间状态，寻找到最美的空间形态。

■ 作品应用范例（组图 2-49）

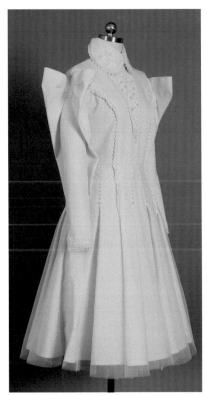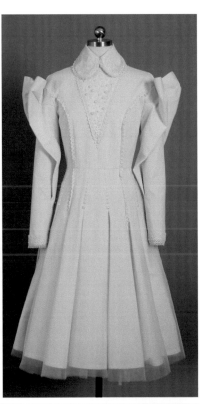

组图 2-49 （作者：张媛媛）

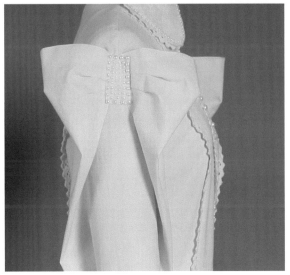

该作品袖型非常有趣，从侧面看，袖子上半部分呈蝴蝶结状，蝴蝶结逐渐下延包裹手臂形成袖子。整体袖型非常自然、顺畅。

制作过程（组图2-50）：

（1）此款服装衣身部分为常规的上下分体连衣裙结构。上半身为四片身结构的派内尔线分割，下裙为对褶裙，内衬纱网裙撑。

（2）袖子是此款服装的制作重点及难点。此款袖子为一片袖结构，在袖中线上端开剪叠褶造型，并用装饰珠片覆盖住开剪线。

  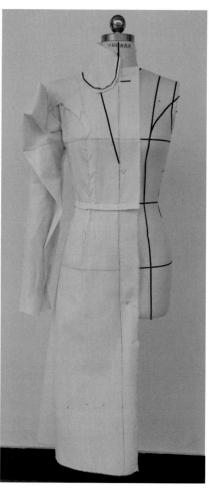

组图2-50 制版过程

 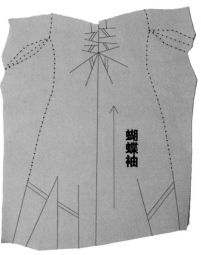

第三节 胸部省道的技术表现

　　在结构复杂、曲线优美的人体中，女性胸部的结构最让人着迷，关于胸部的设计层出不穷、变化迥异。胸腰之间的差量处理常常成为设计师们追求创意、创新的焦点，也成为以服装来修饰和塑造人体美的重要手段。

　　胸部不只是表现女性优美体态的重要部位，更是女装结构设计的核心。完美女性的胸部饱满隆起，与纤细的腰部形成较大落差。充分利用胸腰部之间的差量即省量，进行丰富的款式设计，是女装结构设计的重中之重。

一、省的构成原理

　　省是服装制作中对余量部分的一种处理形式。它的产生部位多在胸腰、臀腰、肩、肘等处。其构成充分体现了凸点射线的原理，即将人体的各个凸点看成一个个不规则的球体，由球体的凸点所引出的无数条射线便是服装结构线构成的基础，如胸凸、臀凸、腹凸、肩凸、肩胛凸、肘凸等。由于女性的胸部结构较为突出，与临近的其他部位形成了极大的落差，所以在女装设计中常常以胸高点为结构设计的核心。根据凸点射线的原理，将胸高的乳突作为圆心凸点，以它为中心可引出无数条射线（射线同时也是结构线与省道线），这些射线便是我们常见的胸省，其他还有胸腰省、肩省、腋下省、领口省、袖窿省、前中心省等。若通过简单的省道转移、融合，还会得到派内尔线、公主线等成衣中经常出现的省道形式。

二、基础省位转移

　　省道转移即将胸腰差量的腰省，以 BP 点为圆心，将胸腰余量360° 旋转，转移至衣身其他部位，形成其他部位的省道，如肩省、腋下省、领口省、袖窿省、前中心省等。转移形成的省道可以是无数条，根据所在位置的不同大致归类。

　　在简单的省位转移过程中，多条省道可以合并，发展为成衣中经常采用的公主线、派内尔线等经典分割线。

　　如图 2-54，经典的公主线由肩省与腰省合并而成，胸腰之间的余量均匀分配进分割线中。经典的派内尔线（刀背省）则由袖窿省与腰省合并而成，胸腰之间的余量均匀分配进分割线中。

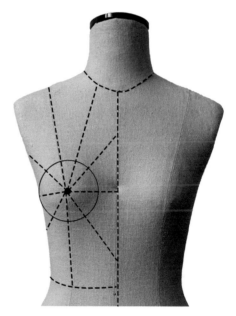

图 2-51 省道分布示意图

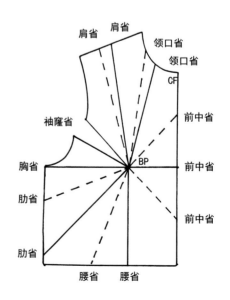

图 2-52 基础省道位置与名称

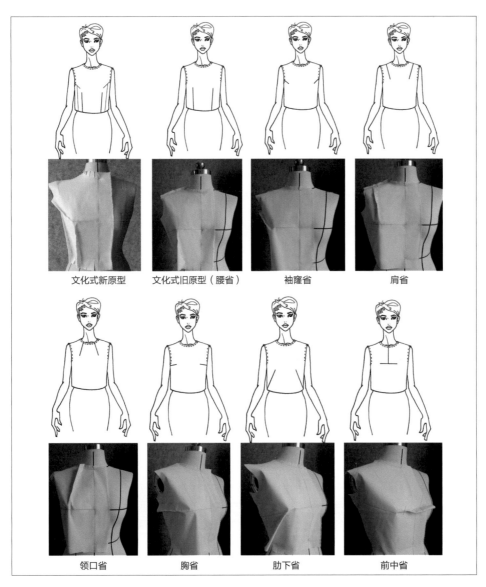

文化式新原型　　文化式旧原型（腰省）　　袖窿省　　肩省

领口省　　胸省　　肋下省　　前中省

图 2-53 基础省道转移

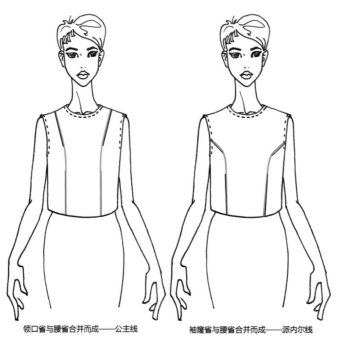

领口省与腰省合并而成——公主线　　袖窿省与腰省合并而成——派内尔线

图 2-54 省道合并示意图

三、经典的上身省道形式

在上衣结构设计中，除经典的公主线、派内尔线外，还可以利用省道的产生原理，设计出更多千变万化的造型分割线。这些造型分割线是可见的明确的省道形式，经常运用于成衣设计中，塑造出众多的经典造型。

■ **作品应用范例一（组图2-55）**

组图2-55 （作者：刘莹）

组图2-55是一款优雅的连衣裙作品，此款服装松度合理，空间塑造到位，造型优雅，各部分比例关系优美，是一款质量较高的立体裁剪制版作品。

在此款服装中，上半身造型采用了经典的省道分割形式，如公主线、腰省及胸省等。然而该款连衣裙的省道造型经典却不普通，省道位置设计合理、巧妙，在起到处理胸腰余量的作用外，亦起到造型美的作用。

制作过程（组图2-56）：

（1）标线：首先在人台上按照设计草图标画结构线，注意各部分间的比例关系。

（2）上半身制版：将前中片、前中侧片塑造出，造型时注意箱型结构的塑造。前肋片为上下连身造型，注意连身造型的箱型结构塑造，同时注意肋片处裙型的塑造，利用胯骨将布料撑起，塑造斜向裙型。

（3）裙子制版：前裙片是在弧形分割线处做大斜裙造型。沿着腰腹处开始的弧形分割线，根据褶浪设计个数打剪口，剪口打开后，将布量导入，塑造出大斜裙。注意大斜裙每个褶浪的高点都在一个水平面上，后片上衣及下裙的塑造技术方法与前片类似。

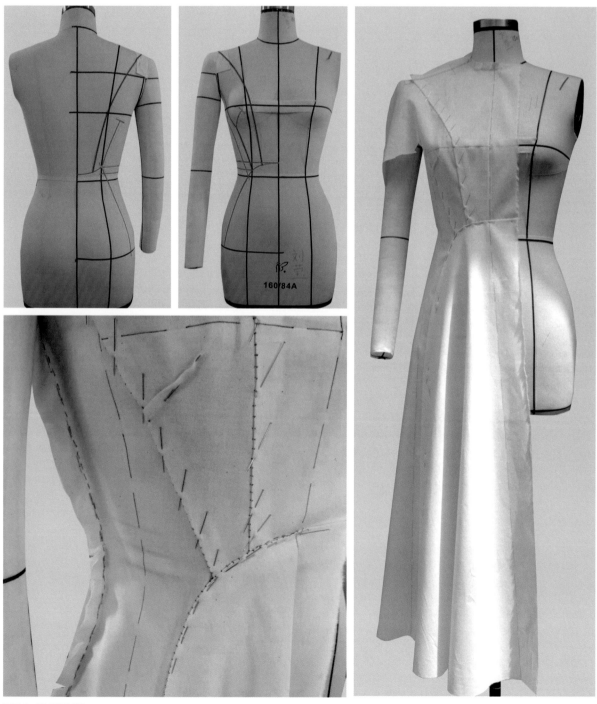

组图2-56 制版过程

■ 作品应用范例二（组图 2-57）

组图 2-57（作者：张珺）

　　该作品是一款优雅的西服套装，胸腰余量分配为三条纵向平行叠褶，从腰线开始至胸部上端结束，在结束点处剩余叠褶量自然散开，形成松紧对比，造型新颖。

　　腰节线以下的上衣衣摆处，采用了叠褶的技术手段。叠褶时，褶的方向随身体胯部造型捏取，围绕腰部呈放射状。叠褶时注意衣摆蓬起造型的塑造，腰线处褶量较大，衣摆边缘褶量较小。此款套装的裙子为常规大斜裙。

■ 作品应用范例三（组图 2-58）

组图 2-58（作者：孙明琪）

　　组图 2-58 中的作品是一款经典且优雅的公主线连衣裙，比例
修长、优美。在经典的公主线造型基础上，对前后肋片进行了纵向
分割。整款裙身为 12 片身结构，裙型呈 A 字。精细的分割。使裙
装非常合身，并且设计师在每条纵向分割线上覆蕾丝花边，公主线
处又添加了褶皱装饰，使作品更显高贵、典雅、大方。

制作过程（组图2-59）：

此款连衣裙在制版时，为了方便长裙的塑造，在人台上先用牛皮纸在臀围以下围裹出裙撑，而后在纸裙撑上一同进行人台标线及坯布造型。

根据服装分割线的设计，在人台上相应地标画出每条分割线的位置及走向，第一条分割线为人台基础公主线处，臀围线以下线段稍微向外倾斜。公主线与侧缝线之间再平分出一条分割线，此条分割线臀围线以下要比公主线倾斜斜度大，随人体胯部造型向外倾斜。

坯布塑造时，注意遵循人体分割标线，注意服装与人体之间的空间造型与松度。在塑造前后侧片及前后肋片时，注意裙型斜度的塑造，尤其是前后肋片，起到塑造整体裙型的作用，注意用胯部顶起裙子斜度，前后肋片合缝的侧缝线要垂直地面，位于前后肋片裙型隆起造型的最底部。

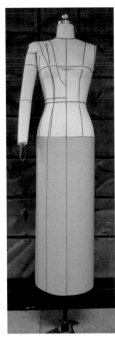

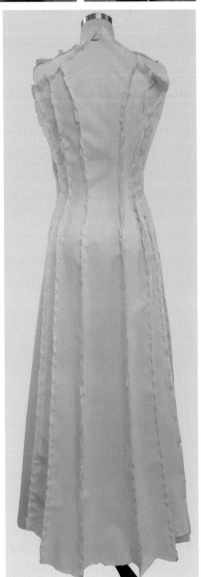

组图 2-59 制版过程

■ 作品应用范例四（组图 2-60）

组图 2-60（作者：郑寿涛）

　　此款作品是一件具有一定量感、比例优美、造型大方优雅的蝴蝶结连衣裙。此款服装在制版技巧及制作工艺上都达到了较高水准。

　　服装的视觉重心是胸前的蝴蝶结造型，视觉上穿插于两条胸部省道中，然而在制版时，为了避免胸前面料过于臃肿，两侧蝴蝶结造型只嵌缝于胸省中，并未做实际的穿插。

　　袖子及裙子的设计，呼应蝴蝶结造型，充满新意与浪漫。

制作过程（组图2-61）：

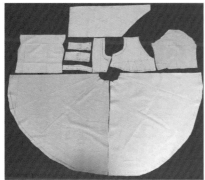

组图2-61 制版过程

（1）衣身制版：此款服装在制版时，可先将衣身部分版型做出，最后添加蝴蝶结造型。在正式制版前，应仔细斟酌服装各部分的比例关系，在人台上作好标记后再进行制版。

衣身部分的版型为常规连衣裙结构，前衣片腰线提高至胸围线以下，胸腰之间的余量在前衣身收两条腰省，第一条腰省位置较重要，距离前中心较近，从此处连接蝴蝶结，设计该条省道位置时，要同时注意左半身该条省道的对称位置，保证蝴蝶结的对称、比例及完整性。

后半身为公主线结构，制版时注意服装的松度及箱型空间造型。

（2）裙子制版：为常规大斜裙造型，制版时注意褶浪的个数及褶浪的均匀度。此款连衣裙摆在前中心处稍微上提，形成不规则裙摆，与蝴蝶结尾部高度等同，使整件服装在造型上活泼、有趣。

（3）蝴蝶结制版：整件服装的蝴蝶结部分看似为一个整体，穿过前衣身腰省，实则在制版制作时，为了降低制作难度并避免服装臃肿，蝴蝶结可以拆分为若干部分进行制作。蝴蝶结横向翅膀可分开为两个部分，各用一块坯布造型出后，嵌入腰省中。

纵向的蝴蝶结尾部也可分为两个部分，取较大块坯布塑型，将其叠压于蝴蝶结翅膀之上，最后调整整体造型，一同嵌缝于胸省中。

第四节 腰部结构的技术表现

腰部结构，即围绕人体腰部进行各种服装形态的塑造。与腰部相关的基础服装造型有上衣、连衣裙、半身裙等。在结构分割上主要分为上下连体式及腰线分割式。

一、常见腰部结构

一般来说，上下连体式的腰部结构，在款式上变化不大，但在成衣的空间塑造上，即箱型结构的塑造上，具有一定难度。上下腰线分割式成衣，在进行箱型结构塑造时，可以通过在腰线下打剪口将箱型结构定住，如图 2-62。而上下连体式结构成衣则需要在衣片两侧横向开剪口并配合一定手法才能将箱型结构完美地塑造出来，如图 2-63 所示。

二、腰部蓬起结构

腰部蓬起结构，即服装衣摆在腰部以下膨胀，凸显腰部纤细，塑造 X 造型。腰部蓬起造型源起于 Christian Dior 先生 1947 年发明的 New Look 造型。柔和的肩线，纤瘦的袖型，以束腰构架出的细腰强调出胸部曲线的对比，长及小腿的宽阔裙摆，使用了大量的布料来塑造圆润的流畅线条。New Look 不止震惊了 1947 年的时尚界，同时也成为 Christian Dior 品牌一直贯彻的灵魂中轴线。

腰部蓬起造型更加强调 New Look 所提倡的曲线美。在 Christian Dior 品牌的早期作品中，经常看到腰部蓬起的结构造型，为了支撑腰部蓬起结构，有时会在衣摆之下放置一块棉垫支撑，如组图 2-64 所示。

图 2-62 箱型结构

组图 2-63 连体衣身箱型结构

组图 2-64 Christian Dior 作品，日本银座展出的白坯解构作品

■ 作品应用范例一（组图 2-65）

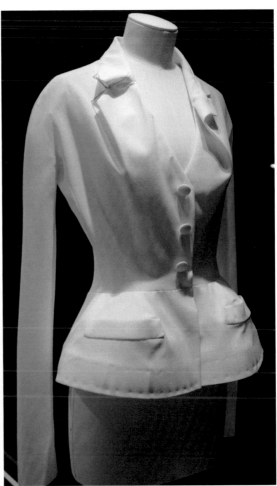

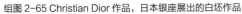

组图 2-65 Christian Dior 作品，日本银座展出的白坯作品

组图 2-65 作品是 Christian Dior 品牌早期作品的坯布样衣，2014 年展出于日本银座。该作品为连身袖上装，造型优雅，衣摆鼓起，领子造型富有创意。

服装腰线上下分割，腰线以上的上身部分采用面料斜丝，方便塑造不规则的创意领型，可以使服装的连身领型更加自然、顺畅。

腰线以下的衣摆部分采用面料直丝，在塑造鼓起衣摆时，直丝纱向能够起到支撑作用。另外，衣摆至腰线的弧度也是将造型鼓起的关键。调整衣摆至腰线的弧度，弧度越大，造型越鼓，类似大斜裙造型原理，最后用鱼骨裙撑衬条在最下摆处将余量撑起。

■ **作品应用范例二（组图 2-66）**

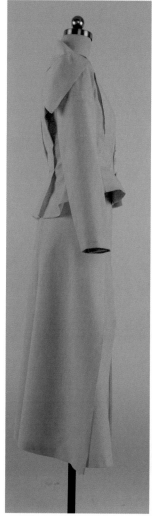
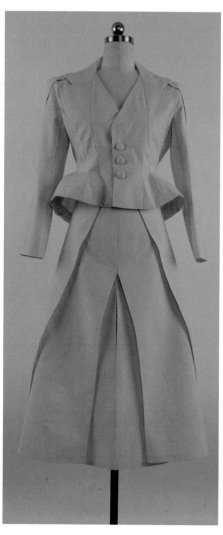

组图 2-66（作者：王雪纯）

这是一款造型有趣、富有创意的 X 型套装作品。仔细观察，会发现此款服装的细节结构非常别致。上装衣摆处的鼓起及裙子造型中微微翘起的层叠结构，使整体造型的空间形态灵活透气、松弛有度。

图 2-67 结构细节

制作过程（组图2-68）：

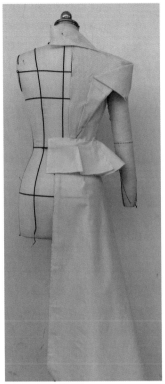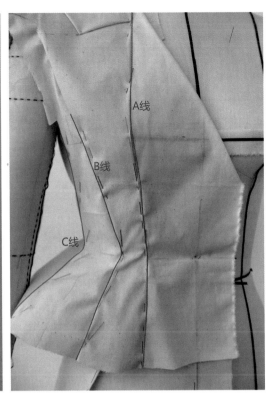

组图2-68 制版过程

（1）标线：在制版前，确定各部分比例关系，优美的比例是塑造完美服装造型的关键。确定好各部分比例后，标线并制版。

（2）裙子制版：为了制版时保证上装合适的松量及造型，可以先进行下裙的制版。此款套装的裙子造型呈A型，前裙片的前中心处及侧跨处有两处对称的叠褶。塑造叠褶造型时，应注意叠褶方向应随裙型呈A字斜向，内线与外轮廓线保持一致。后裙片为正常斜裙造型。

（3）上装制版：在进行上装部分制版时，衣摆处的鼓起是制版要点。此款服装上下连体，前半身纵向分割较多，可以充分利用每条纵向分割线，加大腰部以下每条分割线的弧度，使衣摆鼓起。

如图2-69，腰围线以下各条分割线的弧度越大，所形成的省量就越大，衣摆的鼓起量也就越大。

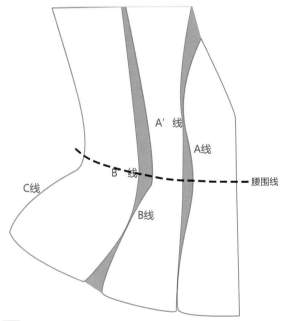

■ 省量

腰围以下，A线、B线、C线的弧度是衣摆鼓起的关键，弧度越大，省量越大，衣摆越鼓

图2-69 衣摆鼓起造型原理

■ **作品应用范例三（组图2-70）**

组图2-70（作者：杜思源）

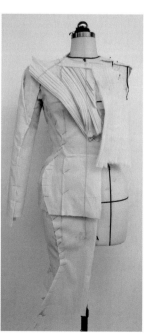
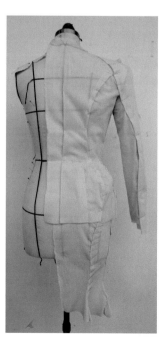

组图2-71 制版过程

　　组图2-70作品是一款俏皮、可爱的鱼尾裙套装，服装的款式特点明确且富有创新。腰胯部的分割线造型新颖，并利用分割线弧度使衣摆微微鼓起，并且鼓起的上装内分割线与鱼尾裙的内分割线造型顺延，满足视觉连续性需求。服装整体在视觉上的连贯性很强，且造型上张弛有力，恰到好处。组图2-71为这款套装的坯布制版过程。

三、腰部连体加摆量结构

　　腰部连体加摆量结构指腰部连体，不分割，腰线以下增加摆量形成所需款式造型。打版技巧上，可通过开剪口达到增加摆量的目的。腰部加摆量的款式可以通过对新增摆量的不同处理手法，形成饱满、丰富的衣摆造型，在成衣设计中比较常见。

■ 作品应用范例一（组图 2-72）

组图 2-72（作者：郭大强）

图 2-73 成衣细节

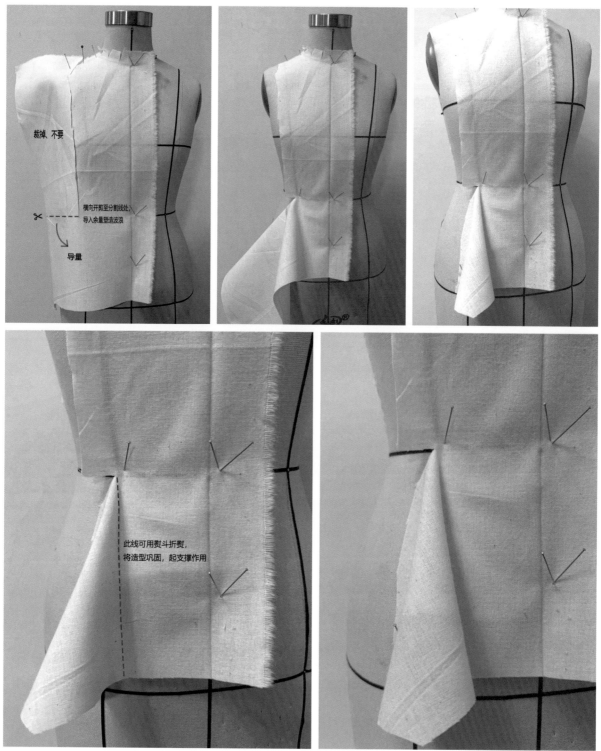

裁掉，不要

横向开剪至分割线处
导入余量塑造波浪

导量

此线可用熨斗折熨，
将造型巩固，起支撑作用

组图 2-74 腰部连体加摆量原理

　　此款作品是典型的腰部加摆量套装，顺衣身纵向分割线，在腰部将面料一侧或两侧横向开剪，利用打开的剪口，将欲造型的摆量导入，将摆量拱起，塑造造型，为了支撑拱起量的造型，可在导出量的底端用熨斗折熨，将拱起摆浪撑起。如组图 2-74 所示原理。

■ 作品应用范例二（组图 2-75）

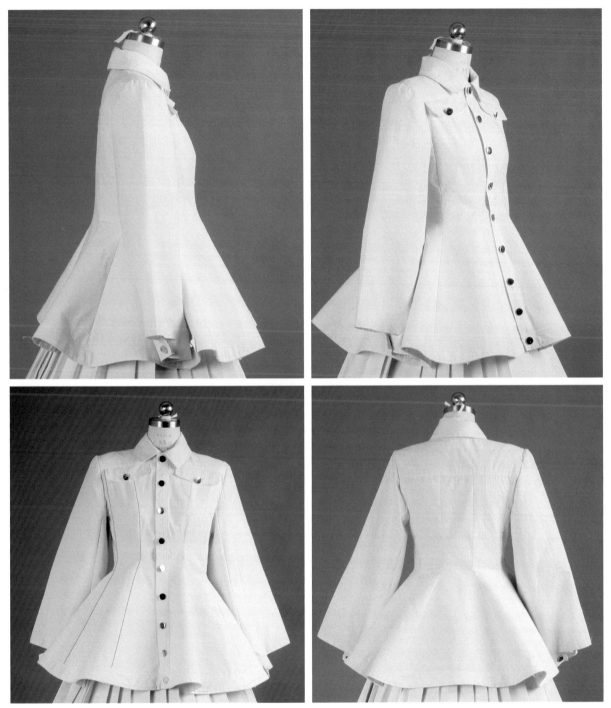

组图 2-75（作者：唐佳羽）

　　此款服装亦采用了腰部连体加摆量的技术技巧，与前一款作品原理相同，在服装纵向分割线的腰围线处，横向开剪，适当导入摆量。此款的下裙为蓬起裙撑造型，故衣摆的部分导入量会被撑起，形成散摆轻微波浪的款式造型特点。

■ 作品应用范例三（组图 2-76）

组图 2-76（作者：修月）

此款套装作品的上衣衣摆处使用了典型的腰部连体加摆量技术技巧，与图 2-74 中作品的腰部摆量制作方法一致。搭配大斜裙造型，整套服装比例优美，造型优雅，腰部起摆量给整体造型增添活泼可爱。

四、腰部连体叠褶结构

腰部连体叠褶结构的特点为，服装腰部上下连体并做叠褶造型，胸腰之间的余量处理进叠褶中，通过调整叠褶量，还可以控制衣摆造型及蓬起量。

腰部连体叠褶结构在成衣设计中经常采用，可以设计出千变万化的款式造型，如短上衣套装、连衣裙及礼服长裙等。在进行腰部连体叠褶制版时，应注意省量处理，尤其是连衣裙造型，因涉及胸、腰、臀三个围度，故余量处理及造型塑造均具有一定难度。

■ **作品应用范例一（组图 2-77）**

组图 2-77（作者：张峻菁）

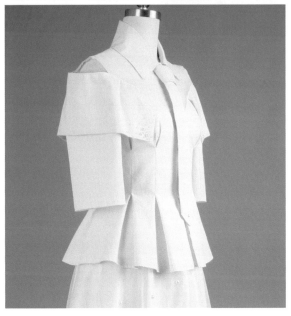

组图 2-77 是一款具有商务风格，又尽显女性韵味的都市浪漫主义风格作品。上装中的衬衫领与领带装饰凸显商务女性风格，而露肩、蓬松衣摆及纱裙又尽显女性浪漫气息。整体服装比例优美，版型精良，面辅料搭配合理，是一款不错的立体裁剪作品。

制作过程（组图2-78）：

（1）标线：首先根据服装款式造型在人台上标线，标线时注意服装各部位结构的比例关系，反复调整，达到视觉最佳效果。

（2）上装制版：根据款式设计，将衬衫领底衣及外套分别制版，在制作外套时，上装外套腰部无分割线，为上下连体结构。腰线以上面料将胸腰余量收进叠褶中去，胸下线至腰围线之间叠褶缝死，腰线以下衣摆叠褶打开，形成自然的对褶下摆，注意对褶的走向，应顺应人体胯部，整理前后衣片的最后一个对褶时，应注意服装的整体外轮廓造型。

（3）下裙制版：下裙为典型的大斜裙造型，外罩两层本色白纱，打造浪漫飘逸的造型特点，白纱外散布点缀部分可粘有纺衬，增加面料质感，使叠褶更具立体感与蓬松感。

（4）成衣制作：在最后的服装制作时，上衣外套部分可粘有纺衬，增加面料质感，使叠褶更具立体感与蓬松感。

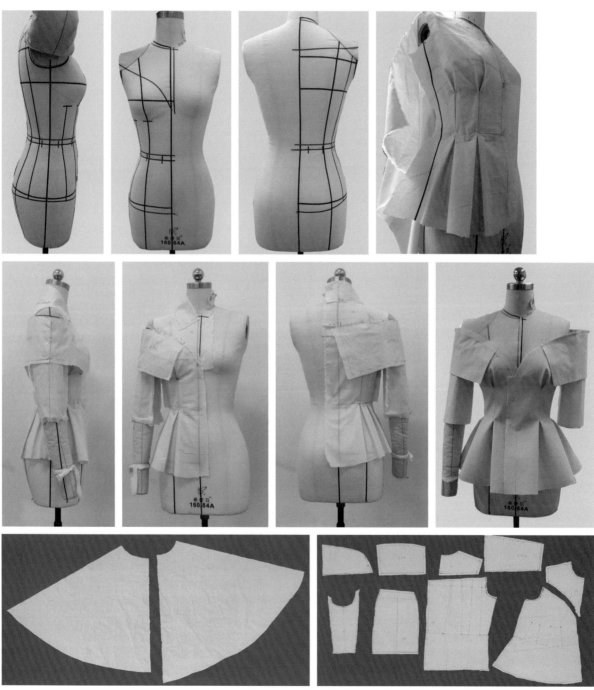

组图2-78 制版过程

■ 作品应用范例二（组图2-79）

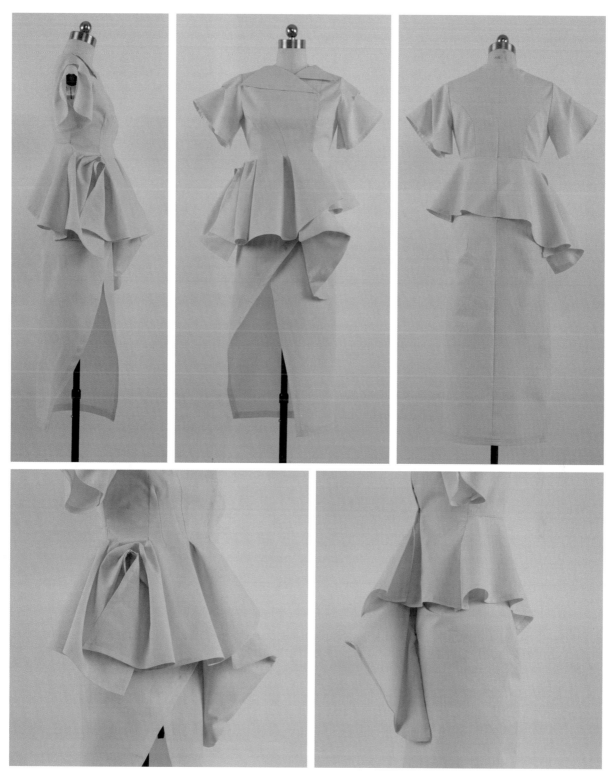

组图2-79（作者：贺小青）

组图2-79中作品为不对称腰部连体叠褶结构礼服，腰部的不对称叠褶造型饱满，却不失秩序感。从右胸向左侧腰部斜向叠取三条省道，第一条与第二条省道下方自然打开形成两个叠褶波浪，顺应两条波浪的斜度，在右胯部堆叠出层叠褶皱。整款服装自然、流畅，下装开衩裙的开衩斜度也顺应上装叠褶，使整套服装在视觉上自然、流畅。

第五节 裙子的技术表现

　　裙子是女性下装的主要款式,与人体腰部、臀部关系密切。取一张打版纸,水平包裹在人台臀部上呈筒状,观察腰部与臀部之间留下的空间。由于腰部细,而臀部较宽,打版纸在臀部以上至腰间留有很多空隙,这就是腰臀差。制作裙子时,要将这部分差量处理成腰省,才能使裙子合体。

　　另外在设计制作裙子时,还要充分考虑到活动量。人体下肢活动量较大,坐、蹲、走、跑等这些必要的活动量,在裙子设计打版时都要充分考虑进去,并且如果裙子越长,受到步幅的影响,裙摆应越大。若裙摆幅度受设计款式限制,则相应地设计裙衩,补充活动量。

一、大斜裙

　　大斜裙又称为大喇叭裙、波浪裙或360°圆桌裙,特点为腰部无余量,下摆有大波浪。大斜裙使用布幅较大,当面料幅宽不够时,需进行拼接,底摆为360°圆摆,斜丝纱向使裙摆波浪飘逸、优美。

　　大斜裙是非常经典的款式,造型飘逸且十分百搭,几乎所有的X型套装都可搭配大斜裙造型,而且大斜裙的技术技巧在立体裁剪制版中非常重要,它是众多技术技巧的原理基础,学会大斜裙的制版技巧,可以举一反三,做出众多的服装款式造型,不只局限于裙装,服装的各个部位都可使用。

　　大斜裙制版的重点技术技巧为开剪—导量。通过打开的剪口,可以导入想要的余量,借助余量塑造多种造型。开剪导量的技术技巧不仅在大斜裙中使用,在众多服装款式及服装部位中都可以采用,如前述第56页"腰部连体加摆量结构"中组图2-74即采用了开剪—导量的技术技巧。

图2-80 大斜裙

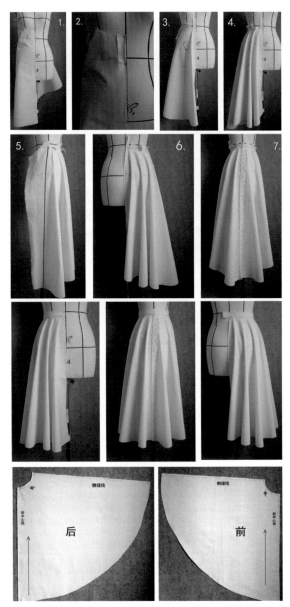

组图2-81 大斜裙制版方法

■ **作品应用范例一（组图 2-82）**

组图 2-82 （作者：邓力滔）

　　组图 2-82 中的作品是一款造型十分优雅的蕾丝连衣裙，是复原大师亚历山大·麦昆的经典作品此款立体裁剪作品，选用了能够与白坯布搭配的本色高档蕾丝，成品版型准确，比例造型优美，做工精良，精选的蕾丝面料及乳白色珍珠使作品凸显高端气质。

制作过程（组图2-83）：

（1）标线：根据服装设计款式在人台上标线，注意每部分结构的比例关系。注意此款连衣裙下半身的褶浪部分，采用大斜裙技术技巧制版，故下方大斜裙与上衣身必须分开制版，不能用一片布连裁。腰围线偏下部位会有一条弧形的分割线，在此条弧线上平均分配褶量位置，标记开剪点，进行大斜裙的制版。

（2）衣身制版：根据人台标线，进行连衣裙上半部分衣身的制版。制版时注意服装的箱型结构，因服装为礼服款式，较合身，箱型空间不必留过多。由于上身弧形分割线距BP点较远，胸腰余量不能完全收进分割线中，故在BP点下方补充一条腰省。

（3）裙子制版：裙子为大斜裙造型，在腰胯部弧形分割线处做大斜裙处理。制版时注意裙子波浪的个数、间距、褶量等的均衡，每个波浪的最高点应处于同一水平面上。

（4）成衣制作：坯布版型打好后，裁剪相同版型蕾丝面料。将蕾丝面料覆盖在白坯布上，固定并一同缝纫。最后在镂空位置缝缀珍珠装饰。

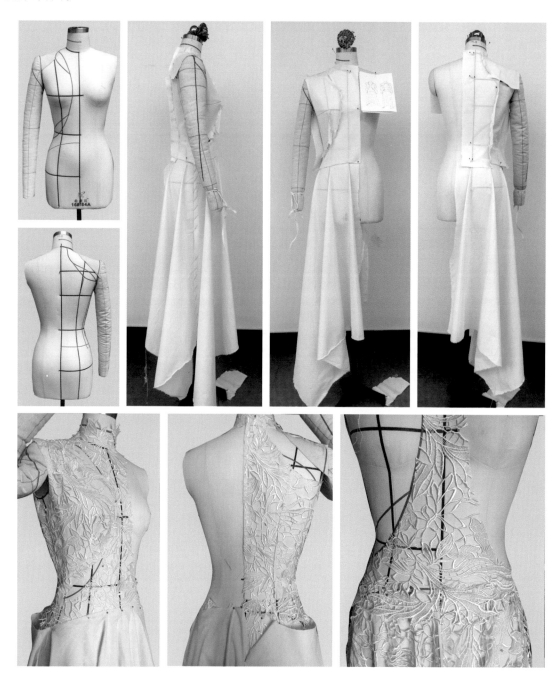

组图2-83
制版过程

■ 作品应用范例二（组图2-84）

组图2-84（作者：胡宇傲）

　　此作品是一款比例优美、高雅、大气的套装，上半身为花朵西服上装，下半身为直条叠褶大斜纱裙，搭配非常协调。整套服装比例优美、设计大方，视觉观赏十分舒适，美中不足的是西装袖的制版与制作不是很准确。

制作过程（组图2-85）：

（1）标线：根据款式设计图，在人台上进行标线，标线时注意服装各部分的比例关系。

（2）西装制版：此款西服上装为公主线分割造型，制作时，按照常规西装的立体制版方法进行即可，注意西服套装的空间松度与箱型结构。

（3）花朵造型制版：西服上装版型打好后，衣摆处的花朵造型后添加即可。裁45°斜丝面料，对折成布条。将布条一端藏在西服领下，顺着西装止口在衣摆处盘绕。花朵造型应盘绕饱满。斜丝布条的另一端藏匿在花芯处。花朵造型的制版难度较低，只需注意布条纱向及布条宽度，但在视觉上，此花朵造型起到了视觉中心的作用，画龙点睛，十分重要。

（4）裙子制版：下裙为大斜裙制版，前中心位置，作者设计为平整的直线叠褶，使大斜裙造型富有变化，顺畅的直线叠褶也在视觉上使整体服装的流线感增强，韵律自然通达。

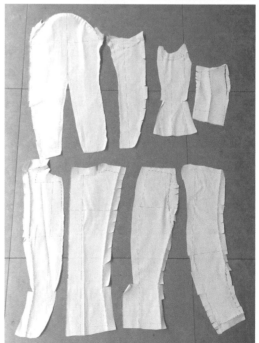

组图 2-85 制版过程

■ 作品应用范例三（组图 2-86）

组图 2-86（作者：徐攀）

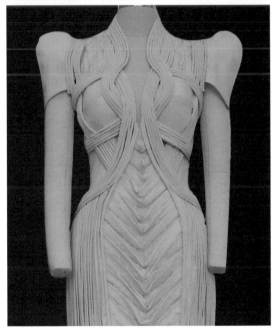

　　组图 2-86 作品是一款造型优雅、节奏韵律较强的礼服。此款礼服是鲁迅美术学院 2010 级学生徐攀参加 "2013 第七届中国大学生服装立体裁剪大赛" 的获奖作品。这款作品的裙身部分，采用了大斜裙的技术技巧。

　　此款作品以线性元素为主要特点，裹绳工艺包裹的绳条紧密排列为组，并在人体上蜿蜒缠绕，将人体曲线一一勾勒出来。在颈部，两组绳条编织为辫，形成更具韵律感的装饰，并顺延人体衔接裙身。

　　裙身为鱼尾造型，膝盖偏上的位置为收外点，收放点以下裙摆硕大，里面应设置裙撑。裙子中心装饰区域两侧及整个裙子后片均为纵向的线性褶裙，这些线性褶的捏取采用了大斜裙开剪导量的立体制版技术技巧。

　　裙身的线性褶特点为上半部分褶量较小，越靠近裙摆，褶量越大。对于褶量逐渐变大的叠褶工艺，不能采用直丝叠褶的技术技巧，这样无法保证裙摆褶量的丰盈饱满。需采用大斜裙开剪导量即斜丝叠褶，将余量导入，控制褶量得出丰盈的叠褶裙摆造型。

制作过程（组图 2-87）：

（1）裙撑制作：根据设计图表达的裙型特点，事先制作裙撑，此款为鱼尾裙造型，制作裙撑时，鱼尾裙收放点位置需特别注意，找准该点是制作好裙撑的关键。

收放点以上裙撑可用牛皮纸顺人台下方围裹至收放点，注意收放点以上裙撑的外轮廓形应稍微向里收进，但不要收进过多，否则会影响迈步幅度，牛皮纸上覆盖裙撑布。收放点以下裙撑，可用树脂衬或硬挺面料及龙骨进行骨架制作，塑造出理想的外放摆度后与收放点以上的裙撑相连接。

（2）标线：根据设计图在人台及裙撑上进行标线，标线时注意各部分之间的比例关系。此款服装在标线时，应注意线性绳组的曲线韵律。

（3）裙子制版：裙子以纵向的线性褶皱为主要特点，由于叠褶较多，裙腰处较厚。为了更好地把握好上半身松量，可以先制作裙身，再制作上半身部分。

（4）裙身装饰制作：裙身中间区域的装饰部分，采用斜丝对折布条，因斜丝布条便于折叠弯曲，不易出褶。将布条按设计图，呈 V 字型在装饰区域排列，并在每个布条间添加白纱布，增加装饰部分的层次感，使细节更为饱满。

（5）上身制版：最后进行上半身的制版，注意裹绳装饰在人台上缠绕蜿蜒的位置及走势，动势自然，在视觉上应衔接流畅。

组图 2-87 制版过程

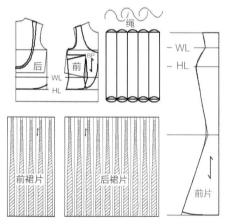

组图 2-88 平面版型图

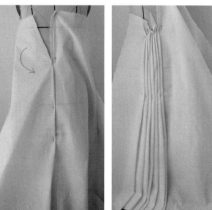
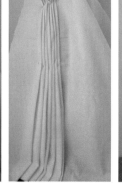

组图 2-89 大斜裙开剪导量斜丝叠褶的技术技巧

■ 作品应用范例四（组图 2-90）

组图 2-90（作者：王雪晴）

此款服装是复原 Christian Dior 的一款成衣作品。该款连衣裙完美地重现了原作的造型特点及技术要点，服装比例协调，造型优雅。

在视觉上，连衣裙的上下身部分似乎是相连的，上下纵向线能够对齐连贯。然而实际上，上下身应分开制作，在腰部有一条连接线，完成后用腰带遮盖。由于下半身褶裙应采用斜丝叠褶的技术技巧，上半身双层衣最外层应采用直丝捏省，直丝保证外层衣的挺括性及空间。故上下身不能采用一片布制作，必须在腰部分开，分别制版制作，最后相连。

下半身裙子的密集线性褶是此款服装的设计及制版重点。制作时采用范例三中图 2-89 作品的褶裙技术要点，即大斜裙开剪导量斜丝叠褶的技术技巧。

图 2-91 局部结构细节

制作过程（组图 2-92）：

（1）标线：根据设计图在人台上标线，标线时注意各部分结构的比例关系。上半身双层衣的最外一层排列的纵向省道标线要与下半身裙子纵向叠褶的排列一致，上下相连，在视觉上形成连贯，打版时也要严格遵循，上下纵向线不要错位。

（2）裙子制版：先制作裙身部分，为了更好地确认上半身服装的松量，故先制作下半身叠褶较多、较厚的褶裙较好。制版时，采用大斜裙开剪导量的斜丝叠褶技术技巧，如第 68 页组图 2-89 所示技巧。

（3）上身制版 1：制作上半身双层服装的第一层。第一层服装贴身制版即可，胸腰省量捏取成腰省或胸省。后半身只有一层，捏取腰省，制版方法与前片相同。

（4）上身制版 2：制作上半身双层服装的第二层即最外一层。最外一层服装在制版时，一定要注意服装的空间形态、箱型结构及第二层与第一层服装之间的空间量。最外层在制作时具有一定难度，外轮廓的空间造型在制版时要反复塑造。

最外层衣片腰部省道的捏取只靠胸腰余量是不够的，还需从外加量。捏取省道时，注意每条省量的分配及省道位置，要与下裙线性叠褶的位置完全一致。

（5）袖子制版：最后制作袖子，此款袖子为圆装袖，在袖中线处捏取对褶，袖窿多留些余量分配给对褶褶量及抽袖包余量。

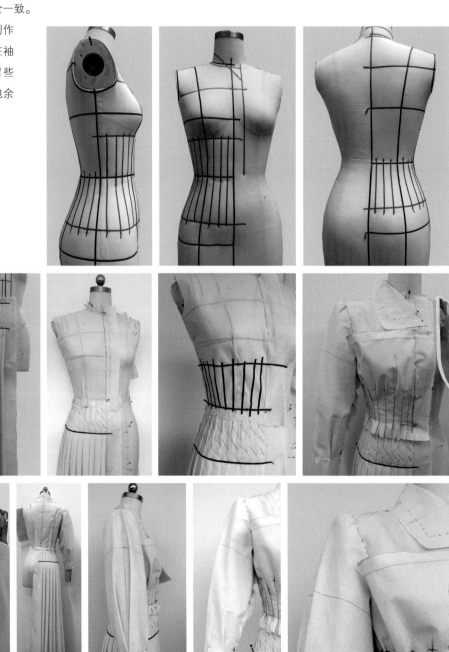

组图 2-92 制版过程

■ 作品应用范例五（组图2-93）

组图2-93（作者：高璠、陈婵君、皮佳新）

　　此款服装是鲁迅美术学院学生荣获"2017第十一届中国大学生服装立体裁剪设计大赛——铜奖"的系列设计中的一件成衣作品。

　　此系列作品灵感来源于牙膏，服装具有强烈的量感廓形，无论从正面、背面、侧面观察作品，其造型都非常完美。作品十分注重服装的空间关系结构，制版时作者在不断探索面料、人体、结构之间的空间转化关系。此款服装背部设计的褶量结构亦采用了大斜裙开剪导量的技术技巧。

制作过程（组图 2-94）：

（1）标线：根据设计图在人台上进行标线，标线时应注意各部分结构之间的比例关系。

（2）打版纸直接造型：由于服装整体具有量感廓形，应选用挺阔面料，故坯布样衣制作时，坯布应熨烫有纺粘合衬以增加坯布的挺实度。在制版时，可采用柔韧挺括的打版纸（由废弃面料制成，有一定柔软度）直接制版，节省制版时熨烫粘合衬的步骤。

（3）衣身制版 1：根据款式造型进行制版，此款服装立体感很强，前、侧、背面都十分注重空间造型关系。在衣身侧面捏取一条省道，使前衣身立体，省道隐藏在箱型结构下。注意上衣身与下裙的外轮廓形的顺畅度，在视觉上，上下分体的两部分，在外轮廓上应气势流畅。此款服装外轮廓型较夸张，故在袖子中线处应设置分割线，通过调整分割线造型来塑造整体廓形。

（4）衣身制版 2：在背部设计中，横背宽线以下为起伏的 A 字型褶浪，此处采用典型的大斜裙制版技术技巧。根据设计的褶浪位置，在每个褶浪处开剪导入所需量，这也体现了大斜裙技术技巧的普遍性及应用广泛性，其不仅在裙子中出现，在人体任何部位都可采用此技术技巧。

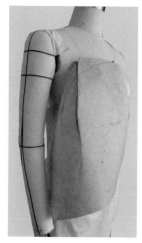    

组图 2-94 制版过程

二、叠褶裙

叠褶在裙子造型中非常常见，通常利用腰臀之间余量及外加量进行叠褶。叠褶形式也多种多样，如对褶、单方向叠褶、抽褶等。在叠褶时，除了应考虑留取充分的叠褶量外，更应注意褶的方向性。在裙装中，由腰部向下延伸的褶皱应符合人体造型，呈放射状叠取，如前中心线处褶皱应尽量垂直地面，越往侧缝线处，叠褶线条越逐渐向外倾斜，以顺应人体胯部造型。

在塑造叠褶裙时，应有敏锐的感受力，觉察出哪条褶浪起到决定整体裙型的作用。一般来说，前后裙片最后一个褶决定着裙装整体外轮廓型，应谨慎塑造，将裙型塑造到位，并将侧缝线掩盖住。

图 2-95 叠褶约克裙

（一）基础范例：叠褶约克裙

叠褶约克裙即裙腰处有约克拼接，并在拼接处下接叠褶造型的裙型。制作约克时，要注意约克与整体裙长的比例关系及叠褶造型线的方向性。

此款约克裙采用单方向叠褶，裙身一周叠褶方向一致。捏取叠褶时，注意叠褶的间距、褶量尽量均衡。前后中心线至前后公主线之间的叠褶应与地面保持垂直，前后公主线至侧缝线之间的叠褶应顺应人体胯部造型逐渐向往倾斜，在叠取褶时，坯布的臀围线要始终与人台的臀围线保持重合。

前后裙片最后一个褶量抻拽到位，将裙子外轮廓型撑起，侧缝线垂直地面，并置于前后褶量的谷底位置。

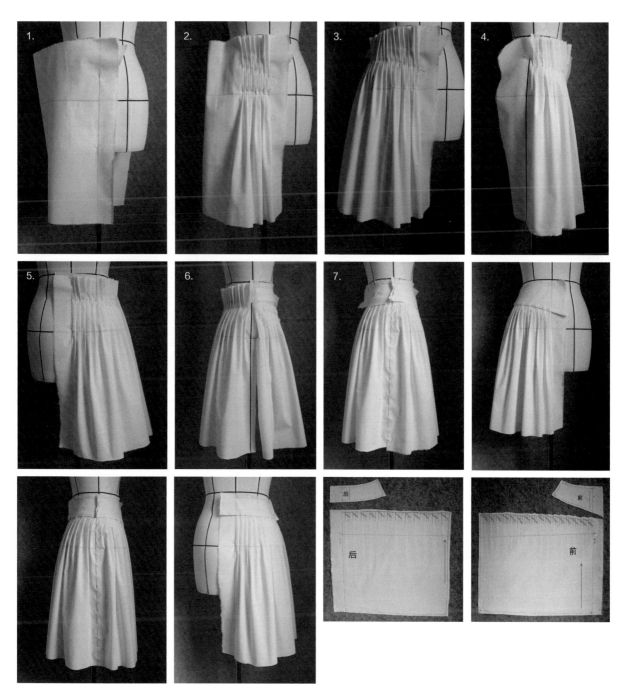

组图 2-96 叠褶约克裙的制版方法

（二）基础范例：对褶气球裙

对褶气球裙是一款胯部鼓起，腰部打对褶，形态似气球状的裙子。由于气球裙的蓬起造型，实际制作时最好选用较厚、较硬的布料。

在制版时，应重点掌握裙子对压褶的打褶技巧、对压褶角度及褶量对面料的支撑程度，理解面料的软硬程度及纱向对服装空间立体造型支撑程度的影响。气球裙对压褶的位置、个数、褶量及放射状角度的确定，是气球裙制版的关键，是决定气球裙胯部外轮廓形蓬起的关键因素。

对褶气球裙的侧缝线也是决定裙子蓬起的关键位置，也是制版的难点所在。在制版时，胯部侧缝线应尽量挑起，挑起时要注意前后裙身不要被拽倾斜。侧缝线两端往回收，只有两端收进才能突出胯部的鼓起。

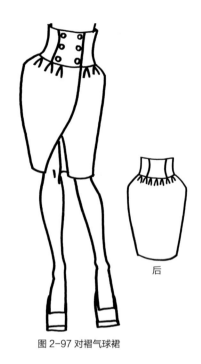

图 2-97 对褶气球裙

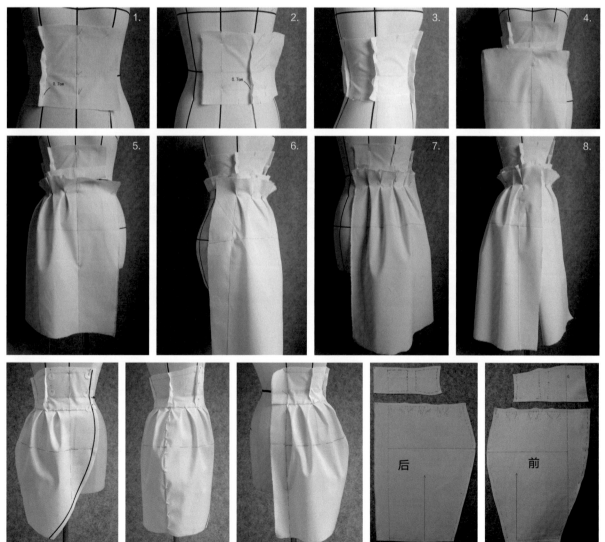

组图 2-98 气球裙的制版方法

■ **作品应用范例一（组图 2-99）**

组图 2-99（作者：金茜茜）

图 2-100 成衣细节

　　组图 2-99 作品是一款宽肩西装加对褶裙套装，廓形大气，空间感得当。裙子前后各有两大对褶，将裙型撑起。宽肩西装需要借助垫肩进行塑造。最后，作者在前胸处用纱、珍珠等辅助材料进行了造花设计与制作，使作品细节更加丰富。

制作过程（组图2-101）：

（1）标线：根据设计图，在人台上标线，标线时注意各部分的比例关系。有时，半身标线并不能很好地判断整体结构线条是否合理，故为了更好地观察，有时会将左右衣身的对称结构线都标画出来再进行调整。

（2）上半身制版：由于此款为宽肩便西装，需要借助垫肩进行造型辅助。需选择宽大垫肩，并安装在袖窿线尽量向外的位置，通过垫肩将上衣廓形撑起。

前衣身分割线造型类似西装领结构，设计比较巧妙。可利用此条结构线将胸腰余量收进。进行上衣身制版时，一定要注意衣身的箱型结构、空间关系，不能将服装做得太紧。此款服装领子为正常的衬衫领造型，领座较高。

（3）对褶裙制版：利用有柔韧性的打版纸直接制版，节省打版坯布熨烫粘合衬的时间。制作时，注意裙长与上衣身的比例关系。前后裙片的两个对褶的褶量较大，能够起到支撑裙型的作用，特别是靠近侧缝线的半个褶，叠褶时将裙型反复调整。制版时，注意对褶中每个半褶的叠进量、叠褶斜度应在视觉上保持一致。

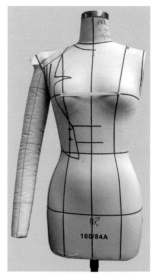

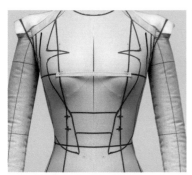

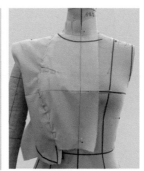

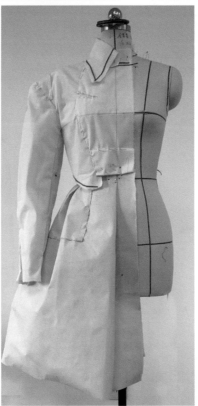
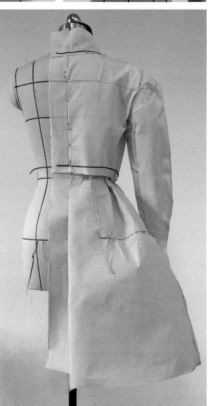

组图2-101 制版过程

■ **作品应用范例二（组图 2-102）**

组图 2-102（作者：范子燕）

组图 2-102 作品是一款套装，以叠褶为主要设计及制作元素。上装夹克的前后约克线以下，衣身、袖子、整条裙子都采用了叠褶的技术技巧。

上装夹克在制作时，应注意服装的箱型结构。此款夹克为箱型夹克，衣身宽松。在制作时既要注意箱型结构的留取，亦要注意叠褶部分的位置及各叠褶量，制版时具有一定难度。由于上装叠褶中并不包含胸腰省量，故在制版时也可采用平立结合的方法。可先将箱型衣身立裁打出，再利用平面制版技术，将衣片分割留取叠褶量。

裙子为对褶裙造型，制版时，注意每个叠褶的位置及其斜度。叠褶斜度应顺应人体呈放射状，越往两侧，斜度越大。叠褶时注意叠褶量应在视觉上保持均衡，最后一个褶要起到塑造裙型的作用。组图 2-103 是该款作品的立裁坯布版型。

组图 2-103 制版过程

■ 作品应用范例三（组图 2-104）

组图 2-104（作者：关馨）

组图 2-104 作品是一款造型优雅、韵味十足的连衣裙，波浪领型与直线叠褶裙摆形成曲直对比，蕾丝内衬裙又为服装增添了柔美魅力。

多层褶浪领型采用万能褶的制版方法，绕领口盘绕，在腹部环转呈花朵造型，极具韵律感。下衔接叠褶裙摆。此款连衣裙的叠褶裙部分制版和制作都非常精良，褶的位置及叠褶量在视觉上分配十分均匀，裙型微微外斜，前中心处无叠褶，而是露出蕾丝底裙，使服装透气、自然。

三、拼片裙

拼片裙即在裙子上进行纵向或横向的结构线分割，由多条裙片拼接成一条完整的裙子。拼片裙在生活中非常常见，四片身拼片裙更是生活中的主要裙装。拼片裙以纵向拼片为多，因纵向分割线可以收进腰、臀之间的差量，起到省道的作用。拼片裙的分割片没有固定数量，片数越多，裙子越合体。另外，利用裙片的分割线还可进行更多的造型变化，如利用分割线加放摆量等。

下面以四片身拼片直筒裙的基础制版方法为例：

（一）基础范例：四片身直筒拼片裙

四片身直筒拼片裙是在裙原型即直筒裙的基础上变化而来的。裙型垂直地面，呈 H 型，在前后公主线处设置分割线，由腰部通过臀部一直顺延至裙摆底部。

腰、臀之间的余量收拢在前后四条公主线处。制版时注意坯布的臀围线要始终与人台臀围线保持重合，不能上移或下窜。裙子要与人体间保持一定的松度与活动量，并注意裙子箱型结构的塑造。拼合裙子侧缝线时，侧缝线要垂直于地面。

图 2-105 拼片裙

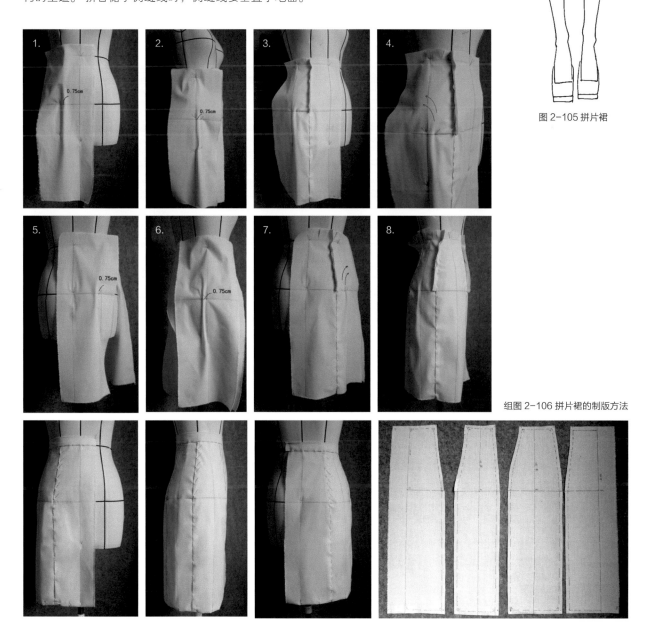

组图 2-106 拼片裙的制版方法

（二）拼片裙的变化原理

在直筒拼片裙的基础上，可以进行多种拼片变化，得出丰富的拼片裙型款式。如图2-107利用拼片裙的分割线，进行加放摆量。加摆量的位置、方向不同，裙型不同。可在分割线的起始点，如腰围线位置设置加放点，利用大斜裙原理，在腰围线加放点处开剪，将加入的摆量导入；也可在分割线的中途任意一点加放摆量，如臀围线附近或者在靠近裙摆处设置加放点，可形成鱼尾裙的造型。在中途设置加放点时需要注意，此时利用大斜裙从上至下开剪口导入摆量是行不通的，会破坏面料。中途点加放摆量需要从分割线侧面横向开剪口，利用横开剪口导入摆量即可。开剪口时，剪口一定开到位，不要留有距离，否则加放点上下的分割线不易形成连贯的线条。中途设置加放点时，一定要注意每条分割线的加放点应设置在一个水平面上，不能或高或低，影响造型效果。

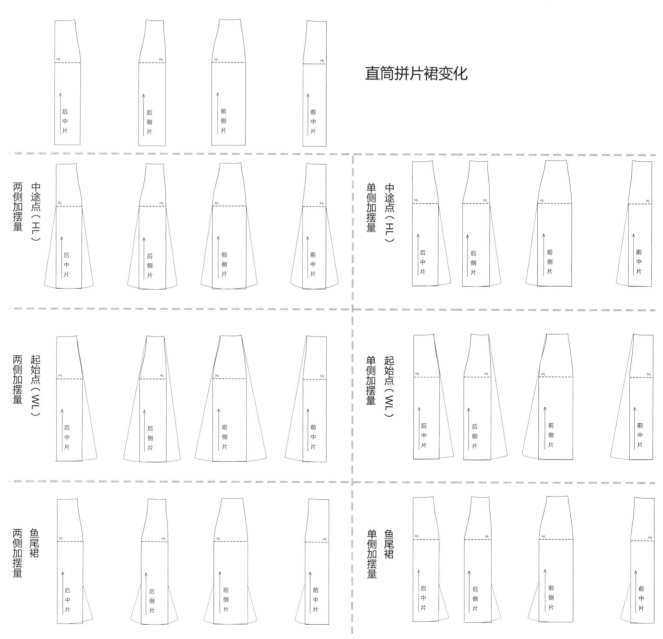

图2-107 拼片裙裙型变化原理

■ 作品应用范例一（组图 2-108）

组图 2-108（作者：白淳）

此款连衣裙作品以拼片裙技术技巧为设计制版重点。透明与不透明面料相间拼接，珍珠与蕾丝辅料恰当点缀。整款服装造型优雅，版型准确，裙子的空间形态饱满，富有量感。

此款连衣裙采用了大量的拼接技术技巧。胸围线以上部位采用蕾丝、本色薄纱、坯布进行凹形拼接。拼接线中适当收进省量。连衣裙部分从腰线处将拼接片横向开剪导量，使裙型饱满、立体。

制作过程（组图2-109）：

（1）标线：根据款式图在人台上标线，调整好每条拼接片在人体上的位置及各部分之间的比例关系。部分拼接线可考虑为主要省量收进处，注意其与BP点的距离，方便省量收进。

（2）制版方法：根据标线进行制版，为了使版型更加准确，省量收进更加均匀，此款服装的每条拼接片都采用了立体制版。也可考虑关键收省处的拼接片使用立体制版收余量，其余拼接片采用平面制版直接裁剪即可。

（3）制版要点：裙子部分的拼接片制版是此款服装的制版制作要点。不透明面料拼接片从腰围线开始，两侧加入摆量，透明面料拼接片不加入摆量直接垂下。在为不透明面料加入摆量时，一定要注意各分割片加摆量的开剪点必须保持在一个水平面上，不要窜位置。

腰围线加放点处剪口，需在拼接片外横开剪至分割线处再导入量。剪口必须要开到位，剪口以上结构线与剪口以下导入量后再别合的结构线必须顺接为一条顺畅的结构线。

（4）成衣制作：版型打好后，关键点处标记好对位符号，而后拓版进行成衣制作。裁剪时注意透明与不透明面料的分配间隔，不要剪错。缝制时，部分透明面料下衬蕾丝面料，应先将透明纱与蕾丝预先在缝份处大致缝合，再与其他拼接片缝合。最后将珍珠点缀在拼接线处，增加服装的装饰细节。

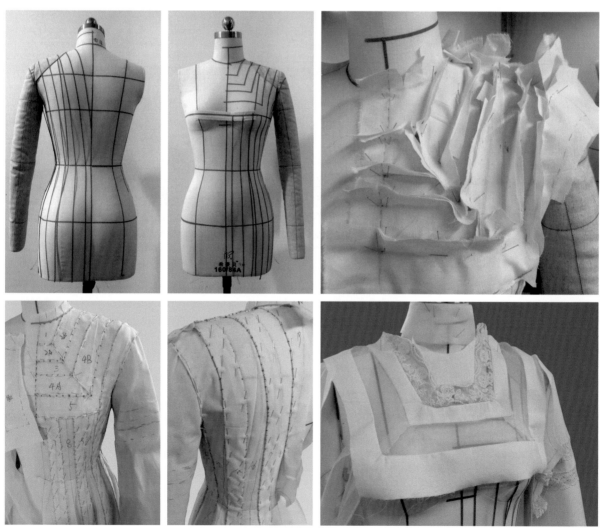

组图2-109 制版过程

■ 作品应用范例二（组图2-110）

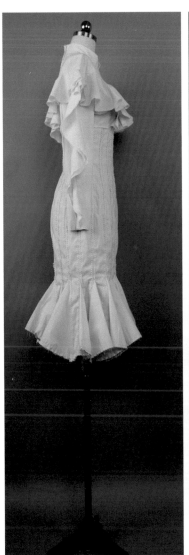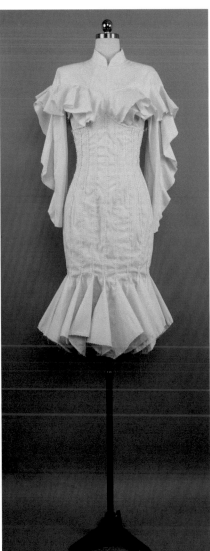

组图2-110（作者：周凡）

　　此款作品造型优雅，节奏韵律紧凑，是一款浪漫的连衣裙。胸肩袖部装饰富有流动性的万能褶条，环绕胸部并顺延至袖口；丰富的褶浪裙摆在裙子底端整齐排列，节奏一致。衣身合体的多拼片裙与上下部分浪漫的褶浪形成松紧对比，使整体服装在视觉上张弛有度，富有韵律。

　　此款服装的裙身部分采用了拼片裙的制版技术技巧，将衣身进行多裁片分割，胸、腰、臀省量收进于分割线之中。底摆处嵌入三角形布，形成整齐有序的翘起褶浪。

制作过程（组图2-111）：

（1）标线：根据款式设计图，将服装结构标画于人台之上。标画时，注意服装各部分的比例关系，并均衡分配拼片裙每个裁片的分割位置。

（2）先将下胸围线以上的衣身部分做好，胸省可收进于放射性分割线之中。

（3）下胸围线以下至裙摆的合身拼片裙部分制版：此款服装将衣身进行了多裁片分割，前后各二分之一半身分割了5片，整体服装一共分割了20片裁片。

这些裁片纵向围绕人体拼接，每条裁片中均可收进胸、腰、臀的省道余量中，裁片到底端后，预估出底摆波浪的拼接位置，从拼接点往上，裁片依次别合，别合至分割点处。

（4）裙摆处分割点以下的裁片制版：每两条分割线之间，插入等腰三角形插片，根据翘起程度，估算三角形插片的尺寸。每个三角形插片的尺寸要一致。然后将等腰三角形的两条边分别与相拼接的两条裁片分割点以下的边缘别合，最后形成鼓起的波浪造型。制版时，注意每个波浪造型的鼓起最高点应控制在一个水平面上，波浪造型要饱满、一致，且富有韵律节奏感。

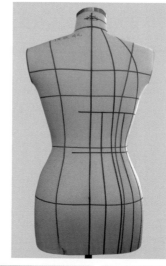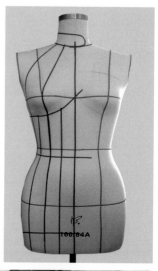

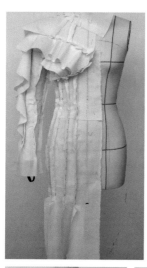

组图2-111 制版过程

■ **作品应用范例三（组图 2-112）**

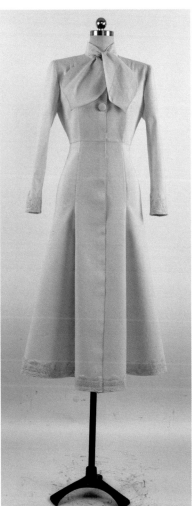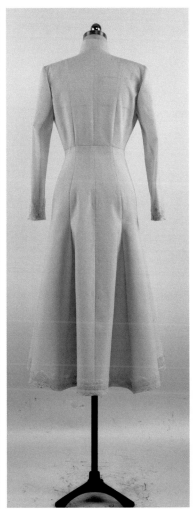

组图 2-112（作者：邵紫薇）

　　此款成衣作品造型十分优雅，款式简洁、大方，版型准确，做工精良。该款连衣裙结构为常见的公主线及拼片裙分割，领子为立领延长制作系成的蝴蝶结造型，圆形本布包扣、袖口及裙摆底部蕾丝花边等都搭配得恰到好处，简洁却不简单，比例、版型非常精准。

　　此款服装所包含的制版技术技巧并不复杂，都是基础的立体裁剪知识，然而要想做好却并非易事，每一个步骤都要非常严谨，服装的空间形态、松度、比例审美都要仔细推敲，谨慎对待。

制作过程（组图2-113）：

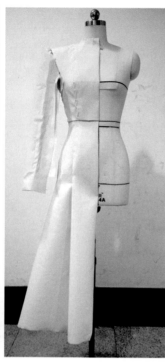

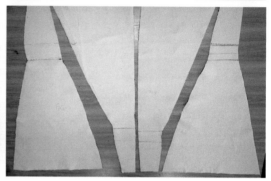

组图2-113 制版过程

（1）标线：根据款式设计图，在人台上将服装的比例关系标画出，注意此款服装腰节线的位置，为了营造完美的比例关系，腰线可适当提高1～2cm，使下裙在视觉上延长。

（2）上半身制版：整款连衣裙为典型的公主线分割结构，分割线位置取人台公主线位置即可。制版时一定注意箱型结构的留取以及服装的松度，胸腰余量收进公主线结构中。

（3）领子制版：领子为立领，按照立领的立体裁剪方法进行制版，在立领的前中心线领头处，可外接另一块面料，裁出领子蝴蝶结所需形状，而后在拓版时，将立领与外接的蝴蝶结布料版型合并为一块完整的领布。

（4）裙子制版：此款为加摆量拼片裙，在拼片裙臀围线附近定加放点，并横向开剪，剪口开到位，剪口以上面料顺应人体别合，剪口以下面料导入摆量。调整好所需摆量后，将拼接线别合并置于两边摆浪的谷底，不要露出。制作裙子时，注意裙子的松度，不要过紧。

袖子制版：最后制作两片袖，并拓版裁布制作成衣。选择与成衣面料搭配的蕾丝花边装饰于袖口及裙摆处，增添服装优雅细节。

四、万能褶

万能褶是一种常用的波浪褶皱形式，在服装上呈现的效果给人以浪漫、繁复、灵活多变的视觉效果。看似复杂，然而制作方法却非常简单。

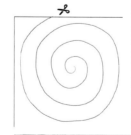
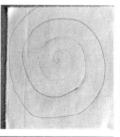

万能褶是先在一块面料上画螺旋即蜗牛壳图案，然后按照图案的螺旋骨格线剪下，便得到了长条状的波浪状布条，类似海带皮，故万能褶也叫海带褶。

组图2-114 等距万能褶

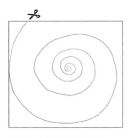

组图2-115 渐变万能褶

万能褶的螺旋图案可以有不同画法,画法不同,产生的效果也不同,且不同区域的波浪,它的起伏程度也不同,越靠近螺旋中心部位的布条,波浪起伏越大。

大体上,万能褶分为两大种类:等距万能褶及渐变万能褶。两种万能褶的画法不同。如组图2-114为等距万能褶,组图2-115为宽度渐变万能褶。等距万能褶的波浪比较平均,起伏比较平缓,褶条的宽度大致相等。渐变万能褶的漩涡中心部分褶浪比较紧,外缘部分褶浪较缓。

图2-116为两种万能褶在人台上的展示效果,人台右半身为渐变万能褶,左半身为等距万能褶。可以看出,等距万能褶的褶浪更为平缓、稳定,渐变万能褶的褶浪更加生动、灵活。设计师可根据设计的需要选用适当的万能褶形式。

万能褶皱可以安装在服装的很多部位,最常见的为嵌装在结构分割线上,如公主线、派内尔线、裙子的密集纵向或横向分割线上,形成万能褶集合。万能褶也可单独作为服装部件使用,如领子、袖子、袖口、服装下摆等。

实际上,万能褶与大斜裙的制版原理是一致的,都是扇形结构,内线与外线不等长所得出的波浪结构原理,如图2-117。内线的弧度越大,外线与内线的长度差也越大,伸直内线与相应部位缝合后,外线得到的波浪也越多,如同心圆结构,内外线相差值最大,形成波浪最丰富,如图2-118。

图2-116 两种万能褶的效果比较

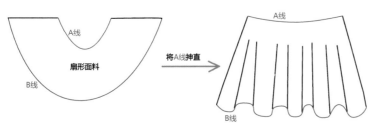

图2-117 扇形波浪结构原理

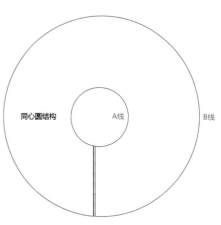

A线伸直与相应部位缝合后,因A线与B线差值最大,故同心圆外缘B线形成的波浪最丰富

图2-118 同心圆波浪结构原理

■ **作品应用范例（组图 2-119）**

组图 2-119（作者：彭凌云）

　　此款服装是一款优雅、浪漫的套装裙，裙型饱满、灵动，袖摆也富有层次与飘逸感。衣身结构线顺应人体分割，合身优雅地勾勒出身形，与富有层次的裙摆、袖摆形成松与紧的对比。裙型主要采用大斜裙的制版技术技巧，袖摆采用万能褶的制版技术技巧。

制作过程（组图2-120）：

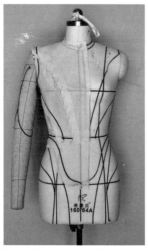
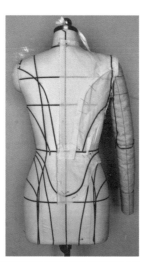

组图2-120 制版过程

（1）根据款式设计图在人台上标线，标线时注意服装各部分的比例关系。此款服装结构线以顺畅的弧线为主，标画时一定注意弧线的承接关系，如前后半身弧线在侧面的连接关系、上衣下裙弧线的视觉顺延关系等。

（2）制作上衣版型。此款服装偏礼服款式，上衣比较合身，箱型空间及松度不要留取过大。胸腰之间的余量收进放射状的两条省道中。靠近前中心线的省道在设计时，应注意与BP点的距离，不要过远，防止部分省量无法收拢进去。

（3）制作袖子。袖子上半部分采用正常一片袖或两片袖制版方法，袖肘偏下部位，斜向连接袖摆，袖摆采用万能褶或扇形结构裁剪，制造出丰富层次的褶浪与袖子连接。

（4）裙子造型采用大斜裙的制版技术技巧，顺应分割线，在胯部两侧进行大斜裙制版，其余弧线结构直接以拼片裙方法拼合。

（5）在制作时，将本色蕾丝面料与坯布面料搭配使用，部分结构线处采用解构手法，结构线处夹缝毛边布条，再在结构线处镶嵌点缀装饰，突出结构特点。

（6）大斜裙摆及波浪袖摆处外罩透明纱面料，并在边缘撕出毛茬，增加服装的层次及浪漫缥缈感。

五、裙撑的类型及制作

裙撑是进行特殊裙型塑造时的必备配件。有些服装的廓形需要借助内部支撑面形成，如各种类型的裙撑、臀垫、腰垫、垫肩等。

裙撑盛行于西方社会，洛可可时期达到鼎盛，是当时人们彰显夸张身形的辅助手段。到了现代社会，随着服装款式廓形的丰富变化，裙撑在一些创意性服装及礼服中经常出现。

在立体裁剪制版中，对于一些夸张廓形的裙型，裙撑的使用是必不可少的。先制作出符合造型要求的裙撑，再在其上进行服装的制版工作。常见的裙撑类型归纳为四种，即钟型裙撑、伞型裙撑、鱼尾型裙撑、半支撑型裙撑，这四种类型裙撑在现代服装制作中经常被使用，如图 2-121 所示。

（一）钟型裙撑

钟型裙撑造型呈钟型，腰胯部比较饱满，两侧自然下垂。钟型裙撑应用比较广泛，很多礼服都采用此种裙撑造型。然而在市面上出售的普通裙撑中，钟型裙撑却较少，多呈伞型。需要自己制作，或在现成的伞型裙撑上增加纱网塑型改造。

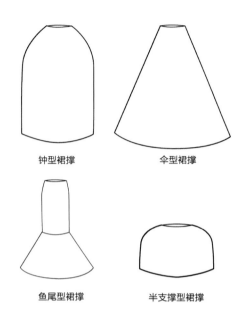

钟型裙撑　　　　伞型裙撑

鱼尾型裙撑　　　半支撑型裙撑

图 2-121 裙撑的类型

■ **作品应用范例一（组图 2-122）**

组图 2-122（作者：张想）

这是一款造型优雅、大方的礼服，上身部分由裹绳条顺应人体结构进行装饰。腰部饰有层叠浪漫的花朵造型衔接饱满的下裙（图2-123）。

此款礼服裙型饱满，呈钟型。在制版之前，需根据裙型需求制作钟型裙撑。

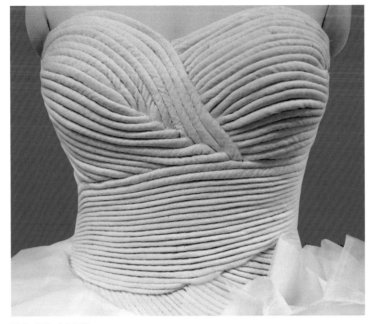

图2-123 成衣细节

制作过程（组图2-124）：

（1）用硬纱网制作裙撑，可完全自己制作，也可买现成的婚纱裙撑再加工。硬纱网的硬度要够硬，不能过软，否则支撑不起。将硬纱网叠褶车缝，一个饱满的裙撑需要很多层叠褶纱网构成。为了面料平整，不出褶痕，可在纱网最外层外罩一层衬布。最后将衬布及多层纱网在腰部缝合在一起，裁布条裹住腰线，在裙撑开口处留一段布条用于系带。

（2）在制作裙撑时，要时刻关注裙撑的整体造型，钟型裙撑的胯部比较丰满，可在胯部多增加几层纱网，注意多增加的层次要与整体裙撑衔接自然，精细修剪，不能有过多落差。

（3）此款礼服的另一大特点是胸衣的裹绳条装饰。在裹绳排列分布前，可先制作一件紧身底层衬衣，而后裹绳条，可在紧身衬衣上排列，方便裹绳的固定缝合。

（4）设计师选用了粗细一致的圆滚线绳，而后裁45°斜丝布条将线绳裹住，围绕人体缠绕排列，最后固定于内衬衣之上。注意每条裹绳条之间要紧密排列，不要留空隙，将缝份藏在下面。

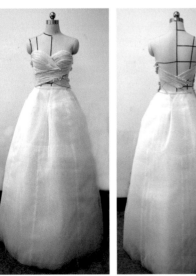

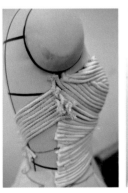

组图2-124 制版过程

■ 作品应用范例二（组图 2-125）

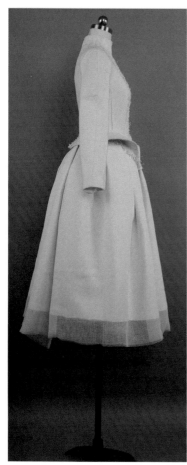

组图 2-125（作者：曹佳楠）

图 2-126 成衣细节

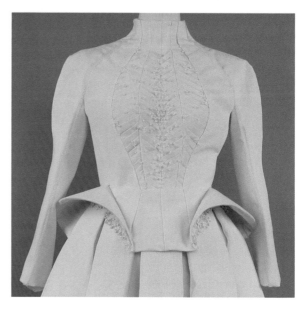

　　此款服装是一款造型有趣、结构设计巧妙的礼服。前胸的鱼形分割线从领口贯穿至衣摆，内部 M 形叠褶造型上点缀珍珠与本色花蕊。袖子为插肩袖造型，插肩袖分割线顺应整体鱼形分割线走势。衣摆处两侧鼓起，造型内蓬起对褶裙，裙子蓬松、大气，内部设置有钟型纱网裙撑。在衣摆鼓起结构内侧装饰本色花蕊细节，增添服装情趣（图 2-126）。

制作过程（组图2-127）：

（1）根据款式设计图在人台上进行标线，前胸的鱼形分割线顺应人体标画，胸部宽度较大，往上顺延至领口逐渐偏小，往下相反弧线与衣摆相连勾勒出鱼尾。袖窿为插肩袖，插肩袖结构线顺应鱼形分割走势至领口。后背两条分割线也从外弧向领口顺延勾画。

（2）可先制作裙撑，此款裙撑为钟型，采用多层硬纱网叠褶车缝而成，胯部比较饱满。在裙撑之上进行整体服装制版。

（3）制作上衣版型，上衣版型遵循人台标线制版，前中心区域即鱼形分割区域内为M型叠褶造型，叠褶时注意褶的斜度、间距、两边对齐及叠褶量均衡，褶量不要过多。在处理鱼形分割线以外衣片时，要注意箱型结构的留取，衣片不要过紧。

（4）制作裙子，在裙撑之上进行裙子制版。此款为对褶裙造型，制版时注意褶的个数及间距要适当。叠褶量不要过小，应尽量大些，因叠褶造型应从腰部一直顺应至裙摆，若叠褶量过小，不到裙摆便逐渐消失。前后最后一个叠褶要将裙型塑造出来。

（5）最后使用本色珍珠及花蕊点缀细节，裙子最外层覆盖硬质口罩布，可以增加服装层次感。

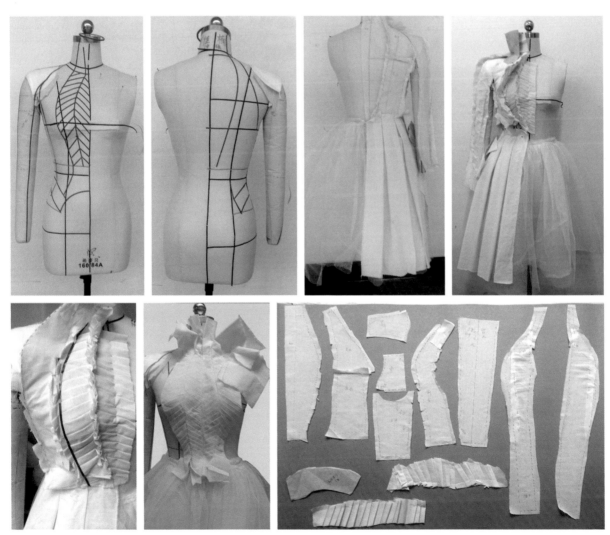

组图 2-127 制版过程

（二）伞型裙撑

伞型裙撑是由腰部至裙摆逐渐扩大的裙撑造型，也是比较常见的裙撑造型，常用于婚纱礼服造型中（图2-128）。市面上出售的裙撑大部分为伞型裙撑，采用龙骨和薄绸面料制作而成。

伞型裙撑一般会采用多层龙骨塑型，普通伞型裙撑一般选用2～3根龙骨，最下层龙骨围圈最大，往上龙骨圈逐渐缩小，龙骨缀缝或穿进薄绸衬裙中。一些高级的伞型裙撑或钟型裙撑还会采用更多层的龙骨进行塑型，龙骨圈越多，裙撑的形态越明确，支撑性也越好。

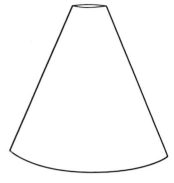

图 2-128 伞型裙撑

■ **作品应用范例（组图 2-129）**

组图 2-129（作者：王贯）

此作品是一款造型高雅、简洁、大方的成衣套装。服装比例优美，版型精准，衣领与衣摆设计为一体造型，顺应连接后呈燕尾型衣摆，后中心处支起立体造型至裙底摆，使侧面廓形新颖独特。裙子为普通大斜裙造型，然而此大斜裙建立在伞型裙撑之上，使裙子蓬起，立体感较强，且与上身合体套装形成对比效果。

制作过程（组图2-130）：

（1）首先制作伞型裙撑。此款服装利用硬纱网及树脂衬进行裙撑制作，制作时注意裙撑的造型修整。在人台及裙撑上进行标线，顺延人台前后中心线及结构线至裙撑上。

（2）先在裙撑上制作大斜裙，大斜裙波浪的个数可以设计多一些，使裙子视觉效果更为饱满丰富。注意每个波浪的位置要均匀，导入量在视感觉上要一致，每个波浪顶峰要在一个水平面上。

由于裙子幅度较大，褶浪较多，所需面料宽度较大，然而面料幅宽有限，在制作大幅度大斜裙时，需选用宽幅面料或进行面料拼接。在进行面料拼接时，拼接线一定要隐藏于波浪底端且应在偏侧方不起眼处，不要在明显处显露出来。

（3）制作上装版型，上装为双层，首先制作底层衣，可较合体。然后制作外层西装，西装领与衣摆的设计较有特点，西装下领与衣身相连，翻过来后与衣摆顺延为一条顺畅的弧线，要反复斟酌调整该弧线，使其顺畅、自然。西装领上缘翻折回并与领弧线修剪契合，最后在领弧线上绱普通高领座衬衫领造型。

（4）服装后中心处支撑起的立体造型，面料选用直丝，利用其支撑性，可粘衬增加硬挺度，最后缝在后中心接缝处。

组图2-130 制版过程

（三）鱼尾型裙撑

鱼尾型裙撑，即裙撑上半部分比较合体，下端外放蓬起的造型特点。鱼尾型裙撑在制作时经常利用牛皮纸进行辅助造型，下方蓬起造型多采用多层硬质纱网进行塑造。

由于牛皮纸在裙撑设计，尤其是鱼尾型裙撑制作中经常运用到，下面介绍一下牛皮纸裙撑的特点。

牛皮纸裙撑：牛皮纸裙撑是立体裁剪制版中经常使用的裙撑形式，常用于鱼尾裙或多分割线长裙的打版制作。由于人台的长度有限，只到臀部稍下，人台下部没有支撑，若做鱼尾裙等长裙类服装，不易进行制版，无法贴下裙结构标记线，大头钉无处固定。故在做此类裙子时，可先用牛皮纸在人台上裹出裙型，然后在牛皮纸上标线。在牛皮纸裙撑的支撑下，打裙子的版型，裙子制作好后，要将内部的牛皮纸拆下。

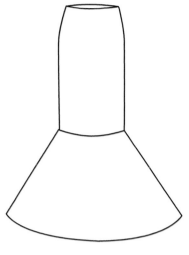

图2-131 鱼尾型裙撑

■ 作品应用范例一（组图2-132）

组图2-132（作者：刘卓明）

此款服装是一款典型的鱼尾裙礼服作品，是鲁迅美术学院学生参加"2013年第七届中国大学生服装立体裁剪大赛"的参赛作品。此款作品设计巧妙，造型十分优雅，版型精准，做工精良。鱼尾裙前中心处为叠褶结构，长度较两侧短，底端边缘用万能褶条装饰，层次丰富。此款服装的另一大特点为前胸及部分结构线处的肌理装饰，设计师选用与白坯布相搭配的辅料，运用新颖的肌理手法进行装饰，为服装增添了丰富细节。

制作过程（组图2-133）：

（1）制作裙撑，先用牛皮纸裹覆在人台上，牛皮纸可开剪调整形态。在人台及牛皮纸上根据款式设计进行标线，标线时注意服装各部分的比例关系。

（2）制作裙撑底裙，在牛皮纸之上制作一件合身底裙。在底裙上，确定鱼尾裙的收放点，并在此点水平围度上用硬质纱网叠褶多层次塑造鱼尾裙撑摆。纱网应一层层附着，为了得到顺畅自然的造型，纱网可每层向下延伸缝附。最后在鱼尾纱网撑表面附着一层衬布。

（3）制作裙身，裙身为合体鱼尾连衣裙，公主线结构分割，因为款式为礼服，制版时松度不要留多。腰节线处上下分割，下裙也为公主线分割结构，与上半身顺延。

（4）下裙四片身结构在加放点即鱼尾外放点处，面料横向开剪至分割线，剪口以上面料合体别合，剪口以下面料导入鱼尾摆量。前中心加放点处即前中片面料两侧在此叠入褶量，将前中片托起，使鱼尾裙更富于变化。

（5）上半身前中片处采用空褶肌理，并在空褶之间填充毛边口罩布增加肌理层次。肩膀立体造型的裂缝处及后背衣片边缘采用新颖的肌理处理手法，即裁斜丝柳叶形面料，两端捏缝使之立体，多个单元大小重复顺造型密集排列。

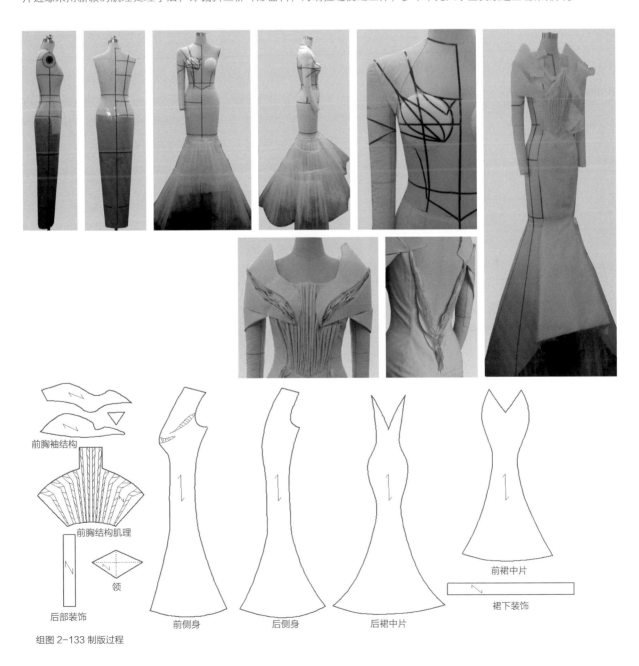

组图2-133 制版过程

■ 作品应用范例二（组图 2-134）

组图 2-134（作者：张想）

此作品是一款优雅的鱼尾礼服，造型典雅、大方。胸部立体结构设计巧妙，裙摆的叠褶造型具有层次感。

制作过程（组图2-135）：

（1）制作裙撑。裙撑制作方法见范例一（组图2-132），在人台及裙撑上标线，标线时注意服装各部分之间的比例关系。

（2）上身胸部为三层立体结构造型，每层可分别制版，不必采用整块面料制作。内两层可选用斜丝面料，易转弯收型。最外层采用直丝面料，在胸下公主线处，将省量打褶捏出立体造型。三层立体结构在制版时应注意各层之间的空间关系，不要紧贴在一起。

（3）此款礼服的鱼尾裙摆上，塑造了丰富的叠褶层次，制版时可采用大斜裙或万能褶制版原理，利用扇形结构叠取褶浪，使上端缝合连接部位平坦，下端起较大波浪。

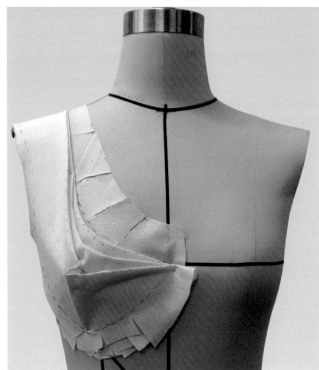
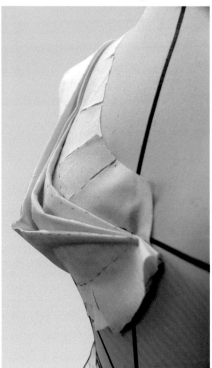

组图2-135
制版过程

（四）半支撑型裙撑

一些裙装廓形不需要庞大的裙撑支撑，只需小部分支撑，于是出现了半支撑型裙撑（图 2-136）。半支撑型裙撑一般都比较短小，灵活便携，根据服装廓形的需要进行塑造，可以为钟型、伞型或其他特殊造型。

半支撑型裙撑在制作时，可以根据造型的特点选用硬质纱网、龙骨和树脂衬。

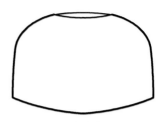

图 2-136 半支撑型裙撑

■ 作品应用范例（组图 2-137）

组图 2-137 （作者：常悦）

此作品是一款造型简洁、大方、高雅的连衣裙，设计上既有成衣的特点，亦有礼服的特色。衬衫领、两片袖为成衣特征，而衣身及胯臀部鼓起的裙装结构却具备礼服的特点。

从款式上可见，裙装只有胯臀部蓬起，下方裙摆自然下垂，故在制作裙撑时，只需将胯臀部撑起，不必制作大裙撑。

制作过程（组图2-138）：

（1）此款服装的裙撑是将市面上出售的普通裙撑剪短后得到的，而后根据款式设计图在人台及裙撑上标线，标线时注意服装各部分之间的比例关系。

（2）制作上半身版型，上半身内结构线呈心形，为了更好地呈现心形造型，分割线距离BP点稍远，为了处理余量，可在BP点下方补充小省。上半身其余分割线均顺应心形结构分布。

（3）制版时注意服装的空间形态关系，可稍留箱型结构，不宜留取过大。

（4）制作下裙，此款裙子为大斜裙，大斜裙制版技术技巧在裙撑之上应用，控制好每个剪口的导入量，由于裙撑原因，导入量可大一些。

（5）在衣摆处制作蝴蝶衣摆，此衣摆为单独制作，叠取时与衣身的连接线要与衣身心形结构的下方弧线曲度一致，将其融进结构线之中。

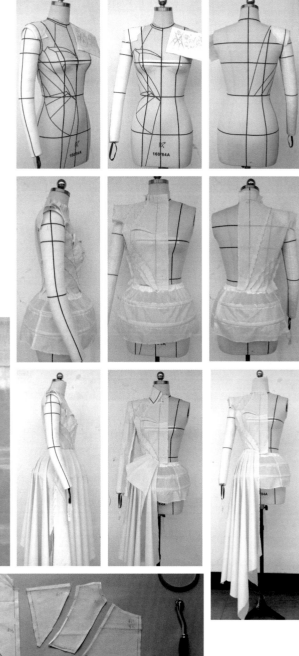

组图2-138 制版过程

第三章

立体裁剪技术技巧表现

　　立体裁剪技术技巧表现是建立在立体裁剪基础制版技术之上的，只有打好牢固的立体裁剪制版基础，才能够在根基之上探寻出更多的创意技术及高难度技巧。举一反三、灵活运用是学好任何一门技术的目的。在本章中所介绍的立体裁剪技术技巧均建立在基础立体裁剪制版技术之上，实际上在第二章内容中已有涉及，前面章节中的众多优秀作品都使用了精妙的立体裁剪技术。

第一节　省道转移技术技巧表现

省道转移技术技巧是相对于普通省道形式而言的。常规省道形式一般均为可见，将胸腰臀之间余量收拢于一道缝隙或结构裁片之间，是有形的，易辨识的。而这里所提及的省道转移技术技巧则具有无形的含义，亦可称为无形省道形式，它没有明确的省道外形，但都必须通过省道转移技术来实现，都是为了塑造形体而服务的，不同的是由于设计的需要它们抛去了其最原始的外形与特征，以更为丰富、更为多变的面貌示人，这就是相对于有形省而言的无形省。

省的意义在于提高服装的适体性，无形省是在此基础上模糊与淡化省的外形特征，并运用省道转移与其他的表现形式融合起来。在提高服装适体性的前提下，大大地丰富与完善服装设计的表现形式，使设计手段真正地达到多元化。将一元变为多元，将有形变为无形，是发展设计思路一个极好的切入点。借用立体裁剪中的省道转移技术，将有形进行无形设计，无疑成为拓展新思路的一个有利举措。所谓无形是相对有形而言的，其省的特征不再流于形式化，更注重省的内质美，即着重表现服装与人体的亲和程度，强调通过立裁中省道转移这一人性化的技术手段来表现服装与人体的关系，进一步表现出服装服务于人的现代服装设计理念。

■ **作品应用范例一（组图 3-1）**

组图 3-1（作者：贺瑶）

组图 3-1 作品是一款造型优雅、修身的连衣裙。前胸密集的空心褶皱是该款服装的造型特点，也是无线省的表现。密集的上半身空心褶皱中，蕴含着胸与腰之间的余量，它们分布在褶皱之间，使褶皱造型合身、随体起到省道作用。由于褶皱密集，为了达到满意的视觉效果，需从侧面送进大量面料用于堆褶。同时上半身的空心褶顺延向下，直接带出下身的褶裙，上下身褶皱连接，无分割线，这在制作时具有一定难度。塑造褶皱时，既要保证上身空心褶的密集与均衡，同时每固定一条褶皱，还需将其顺延的下摆褶浪整理好。此款连衣裙前身的褶皱取直丝面料制作，故下裙褶浪没有导入丰满的量，而是展示了修身的线性流畅美。

制作过程（组图3-2）：

（1）根据款式设计图在人台上标线，标线时注意服装各部分之间的比例关系。为了使下半身显得更为修长，可将腰围线适当上提。

（2）将上半身的底衣做出，前胸密集的空心褶皱应缝缀于此之上。翻领及袖子可与底衣连接。

（3）制作前身褶裙，前胸的密集褶皱与下身的褶裙为一片布上下连体造型。在塑造上半身密集褶皱时，为了褶量丰富，可在侧面推进大量的面料。取直丝面料，在塑造密集褶皱时，注意胸腰之间的余量应运用省道转移技术均匀地分布进褶皱之间，褶皱即起到了省的作用，是无形省的表现形式之一。

（4）下半身的褶裙与上半身密集褶皱相连，在塑造上半身褶皱时，应时刻注意每条空褶所对应顺延出的裙褶浪，下裙褶浪应均衡，褶浪特点明确。在塑造侧面最后一个褶时，注意塑造整体裙型。

（5）后片上下半身分别塑造，下裙为叠褶裙，直丝面料塑造，用腰带与上衣片连接。最后成衣袖子采用透明纱面料，丰富了服装的层次感。

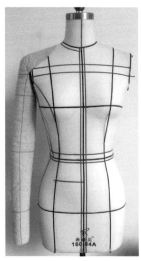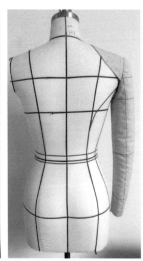

组图3-2 制版过程

■ **作品应用范例二（组图3-3）**

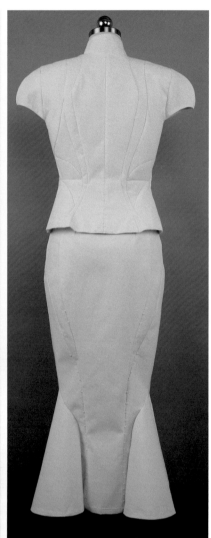

组图3-3（作者：陈婵君）

　　此款服装是一件廓形普通、结构内涵却非常丰富的立体裁剪作品。此款中式套装，上装为立领短袖合身上衣，裙子为拼接鱼尾长裙。

　　丰富的曲线结构线是这套服装的主要特点，曲线分割分布在套装全身，结构线设计合理，围绕人体结构展开。丰富的曲线在制版及制作上均有很高的难度。弧度越大的曲线在缝纫时越具有难度，该款服装的作者总结归纳了缝纫曲线的精髓，在下面的制作过程中将会提及。

　　上衣前胸部的凹进造型是无形省的一种表现形式，其中蕴含了胸腰之间的余量，起到省道作用。同时衣身丰富的弧度分割线中也包含省道余量，均为塑造服装立体造型做出贡献。

制作过程（组图3-4）：

（1）制作牛皮纸裙撑，由于此款鱼尾长裙上布满了曲线分割，为了制版时容易操作，故先在人台臀围线以下用牛皮纸围裹出裙撑，牛皮纸可开剪塑型。

（2）在人台及牛皮纸上，根据款式设计图进行标线，标线时注意服装各部分的比例关系。由于此款服装上的曲线分割众多，故在标线时要尤为注意分割线的弧度与人体之间的关系，曲度要顺应人体各部位，要将人体造型完美地勾勒出来。

（3）上衣制版，上衣制版时要尊重人台上标画好的曲线分割，胸腰之间的余量运用省道转移技术均匀地分配进分割线之中，前胸部的凹进造型也是运用省道转移技术将胸腰余量转移至前中心线处，并利用余量塑造出来的。在进行上衣制版时需要注意的是，由于分割线过多，服装容易做紧，箱型结构及服装松度不易把握。制版时要时刻注意塑造箱型结构的空间关系，尤其在制作穿过箱型结构的曲线时，一定要注意空间的留取及形态的塑造。

（4）裙子制版，裙子上也分布了曲线分割，制版时可将腰臀之间的余量运用省道转移技术处理进曲线之中。

（5）曲线的缝纫，曲线在缝纫时具有一定难度，两条曲线在缝合时，弧度越大，难度越大。然而缝纫出完美的曲线也有章可循，下面介绍该款作品的作者在制作时所总结的心得体会。

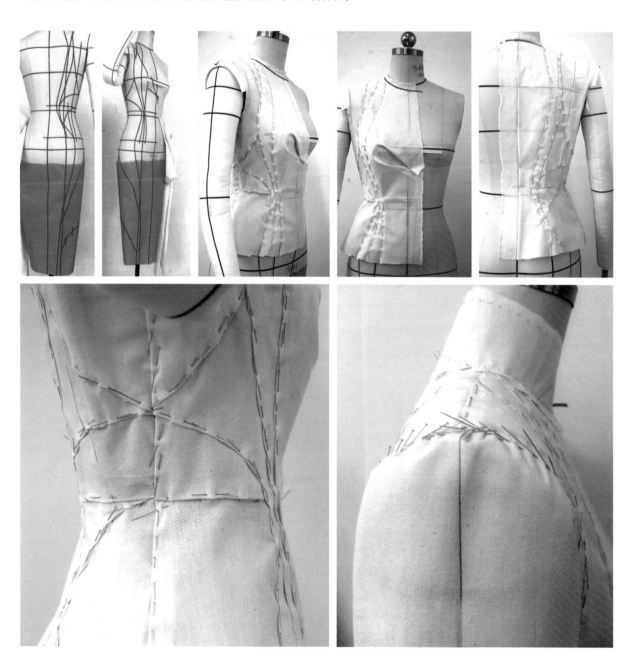

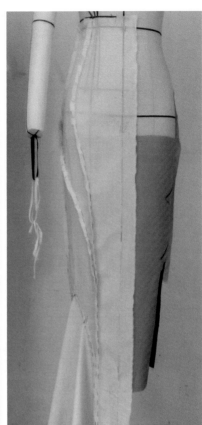
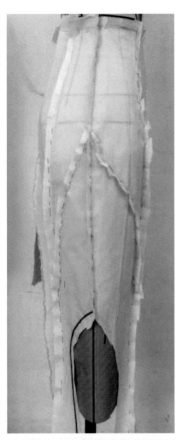
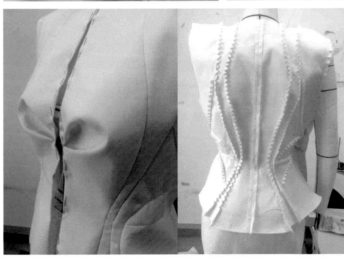
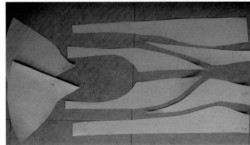
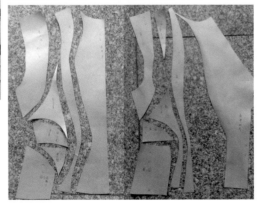

组图 3-4 制版过程

曲线缝纫方法总结：

A. 在曲线弧度大的情况下，纱向选择 45° 斜丝。

B. 因每条曲线弧度不同，对合时应两层布都打剪口，再对合缝合线。

C. 使用单边压脚，只压住缝份，避免不同曲线缝合时压住起伏的布，造成死褶。

D. 车缝时，大头针固定，缝纫时手拽住上下两层布的前后。

E. 熨烫时，缝份倒向一侧，不选择劈缝熨烫，反而效果更佳。

■ 作品应用范例三（组图 3-5）

组图 3-5（作者：何雨珊）

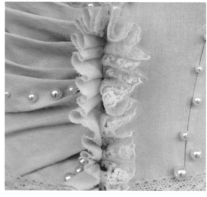

　　此作品是一款不对称式礼服。左半身为常规连衣裙款式，右半身是作品的设计重点，为褶皱裹身式样，左右半身形成鲜明对比。右半身的褶皱由前中心线始发至周身，褶皱呈放射状分散。胸、腰、臀之间的差量运用省道转移技术转化进放射状的褶皱中，形成无形省，起到适应人体造型的作用。作者还在丰富的褶皱中嵌入了本色珍珠，形成点状元素，使之与褶皱的线性元素呼应，丰富了作品的视觉效果。

制作过程（组图3-6）：

（1）为了制版方便，在臀围线下围裹牛皮纸适当延长人台支撑。根据款式设计图在人台及牛皮纸撑上标画结构线，标线时注意服装各部分的比例关系。

（2）由于此款为左右不对称款式，故制版时应打全身版型。可先进行左半身常规连衣裙的制版。左半身结构为领口省与腰省的连接结构线，胸腰余量收进该条结构线之中，裙型为H型直筒裙，掐腰省与上半身省道顺连。左半身裙装制版时要注意服装的箱型结构及松度。

（3）进行右半身褶皱造型制版。仔细观察右半身的褶皱造型，理清褶皱关系。胸围线以上褶皱顺人体造型纵向捏取，胸围线以下褶皱从腋下开始，围绕胸部顺延至前中心处，以前中心线为焦点，向四周发射褶皱。

在制版时，可将胸围线以上的褶皱与胸围线以下的褶皱分别制版，不必采用一整块面料，降低制版难度。在交接处，将连接线隐藏进褶皱中，保证视觉的整体性。

进行褶皱制版时，应使用省道转移技术将胸、腰、臀之间的差量捏进褶皱中去，使面料能够适合人体，起到无形省的作用。

（4）下裙的褶皱可以单独制版，不必与上衣相连，这样可以降低制版的操作难度。但需注意的是，虽然分开制版，但下裙的放射褶皱应与上衣的褶皱在视觉上相连，不要错位。最后在缝制时，在腰线连接处缝上蕾丝腰带起到遮盖及装饰作用。

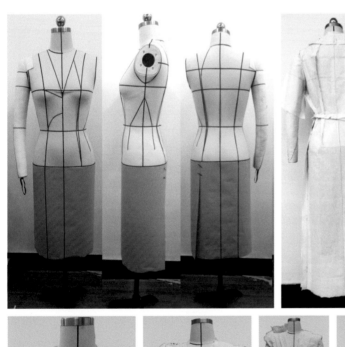
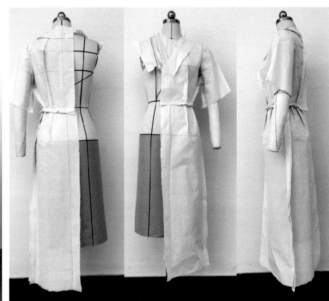

组图3-6 制版过程

■ 作品应用范例四（组图 3-7）

组图 3-7（作者：夏颖）

　　此款服装是一款造型高雅、大方的套装作品，服装比例优美，空间形态得当，不对称上装造型富有创意且十分有趣，右侧衣摆通过两条对褶将造型支撑起来，胸腰之间差量运用省道转移技术转化进斜向的褶皱中，形成无形省，勾勒人体形态。斜向的止口及单侧领型使服装充满活泼气息，高领细抽褶内衬衣与饱满的褶裙形成线性的视觉呼应，使服装在视觉上给人以高挑、优美、顺畅的视觉感受。

　　在制作过程中，上衣斜向褶的无形省结构在塑造时应注意箱型结构的留取，上装为西服套装，应留取足够的空间形态及松度。衣摆的鼓起需要仔细调整两条对褶的叠取量及位置，此时的对褶即起到省道的支撑作用，叠取量越大，造型越鼓翘。外侧对褶应叠取在侧缝线附近，通过此条对褶将上装的外廓形撑起。下裙饱满，应采用裙撑，选用钟型裙撑在内再进行褶裙的制版。为了更好地把握上装衣摆鼓起的空间程度及服装的松度，应先安装裙撑制作下裙，再进行上装的制版。

第二节 拼接技术技巧表现

拼接技术技巧，即服装由若干同质或异质面料、辅料构成，胸腰臀间余量往往由于造型设计的要求，进行拼接消减或夸张处理。拼接式处理方法往往是由一种或多种不透明面料与透明面料（如蕾丝）之间以某种图案或形式美规律的组合，以达到虚实变化、层次感强的视觉审美。在组合的同时，胸腰臀间的差量会潜移默化地隐匿在面料与面料之间的拼接中，成为构成图案的一部分，以起到既不破坏整体构图又能塑造形体美的作用。

■ **作品应用范例一（组图 3-8）**

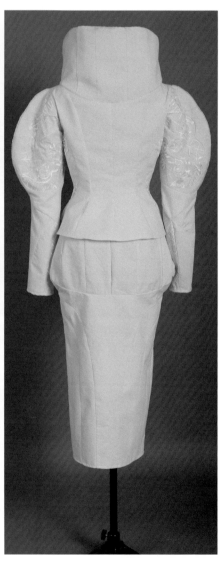

组图 3-8（作者：侯缨芷）

这是一款造型独特、夸张的套装，主要采用拼接技术技巧制成。夸张的立领、大弧度袖型、紧身胸衣、空间拼接裙等结构之间比例协调，特点突出，造型十分具有创意性及想象力。精美的蕾丝面料根据拼接结构巧妙分布，使服装更具奢华气质。

制作过程（组图3-9）：

（1）为了方便进行裙子制版，在人台臀围线以下用牛皮纸围裹裙撑。根据款式设计图在人台与牛皮纸撑上进行标线，标线时注意服装各部分的比例关系。

（2）为了保证上装的松度合适，可先进行裙子制版。此款裙型富有创意，造型立体，以拼片技术技巧为主要方法。在前片臀围线左右有一立体造型，臀围线以上裙型拱起，形成屋檐状的立体结构。屋檐立体造型通过各裁片之间的拼接收量而形成，腰臀余量转移进拼接线中。臀围线以下合体，内分割线顺着人体结构分布拼接。

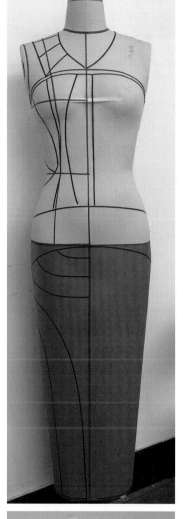

（3）制作胸衣。此款服装的前衣身部分独立，灵感来源于紧身胸衣，领、袖不与之相连。后衣身与领、袖部分正常缝合，造型整体。胸衣部分结构线顺人体造型分布，胸腰间余量收拢进结构线之中，使胸部突出、腰部收紧、衣摆外放，造型收放自然有度。

（4）领子采用立领制版技术技巧，领型比较夸张，外扩至公主线处立起，立起的夸张领型也被分割出多片裁片，各裁片之间拼接造型。

（5）袖子的袖型也比较夸张，上臂部分外扩呈椭圆形，小臂部分收进较合体，上下形成视觉对比。为了得到夸张的外扩椭圆造型，袖子在中线处（即顺接肩线的袖中线）应该整体开剪，使袖子形成2片或3片袖结构。一旦袖中线开剪，任何造型的袖子外轮廓形都较易制作出来。除袖子外轮廓形外，袖子内部也根据服装造型的需要进行了复杂的造型分割与拼接。

（6）在进行成衣制作前，根据造型需要，仔细斟酌蕾丝面料的附着位置，不易太满也不易过少，要疏密得当，有呼吸感。此款服装仅在上衣部分进行了蕾丝附着，如胸衣前中心处、侧片处、立领内侧、袖子内侧局部等位置。设计师还在袖子外轮廓线边缘及裙子立体屋檐造型的边缘装饰了珍珠链，丰富了服装的细节美。

组图3-9 制版过程

■ 作品应用范例二（组图 3-10）

组图 3-10（作者：石玮琦）

　　这是一款设计巧妙、造型优雅的礼服作品。整条裙子采用拼接技术技巧完成，衣身与裙子连体，斜向螺旋分割结构，整体设计浑然一体，结构分割十分精妙。

　　每条斜向分割裁片，从礼服抹胸一端斜向延展，经过胸、腰、臀，在臀围线处止，以臀围线处为拼片裙加放点，从此处在裁片两端横向开剪导入裙摆量，调整波浪使裙型饱满。合体的上身与丰满的裙型形成视觉对比，松弛有序，浪漫优雅。

制作过程（组图 3-11）：

（1）根据款式设计图在人台上标线，标线时注意确定裙摆加放点位置，此款加放点在臀围线上 2cm 左右。用标志线将此处水平标画一圈，保证每个裁片加放点位置的准确。同时注意每条斜向裁片的分布位置应均衡顺畅，从抹胸上端开始，斜向穿过胸、腰、臀，落到加放点的水平线上。

（2）由于上下身连体，且下裙导入裙摆量较大，故每条裁片的布料使用量较大，可事先将面料斜向粗裁使用，以节省面料。

（3）逐条裁片制版，将裁片放置在人台之上，纱向对合，直丝垂直地面。上身随标线合体斜向裁剪，加放线处裁片两侧横向开剪，将裙摆量导入，调整波浪起伏度。上身的每条裁片在拼接别合时，应将胸腰臀的差量收进每条分割线中。下半身每条导入波浪量的裁片在拼接别合时，注意拼接线要隐藏在波浪底，不能显露出来。

（4）全部别合后调整整体裙型状态，选用大小不一的本色珍珠散状点缀于分割线处。

组图 3-11 制版过程

■ 作品应用范例三（组图 3-12）

组图 3-12（作者：谢善文）

　　此款连衣裙作品造型大方、得体，采用拼接技术技巧将不同面料合理地搭配使用，使面料在整体服装中形成新颖的图形结构，并且每条拼接结构线位置讲究，能够将胸腰臀差量收进，起到塑造形体的作用。

　　此款服装虽为白坯布成衣作品，但面料的搭配及制版制作工艺十分严谨。设计师选用了能够与白坯布搭配的散花不透明且具有竖纹肌理的本色面料，附着在部分前衣身及两侧裙摆的拼接结构中，互相呼应。以腰线前中心点为中心，形成对角蝴蝶状菱形图案，造型简洁且富有内涵。

制作过程（组图3-13）：

（1）标线：根据款式设计图在人台上标线，标线时注意斟酌拼接图案的合适位置，既要组成比列协调的图案结构，亦要位置准确，能够将胸腰臀的余量收进其中，起到塑造形体的作用。上半身的菱形图案可以由领口省与腰省结合，结合点位于BP点处，能够将胸腰余量完美地收拢进分割线中。

（2）上身制版：连衣裙腰围处有分割线，上下半身分开制版再缝合到一起。上半身制版时，由于上身分割线通过BP点，故胸腰之间的余量能够完全收进分割线中。腰侧面顺前中心菱形造型也设计了一条分割线，可将一部分省量分配其中。

（3）下裙制版：整体裙型为斜裙，制版时注意裙子斜度的把握，斜度要做出来，靠胯部将斜度顶起。前中心线处的菱形分割造型与上半身的分割造型形成蝴蝶状，可将腰臀之间的差量收拢进分割线中。裙摆两侧亦设计有分割结构，与中心分割图案相互呼应。

（4）袖子制版：袖子为袖克夫式两片袖造型，袖子下方外轮廓形向外突出后收进，故袖中心有分割线，将袖子分割为两片。

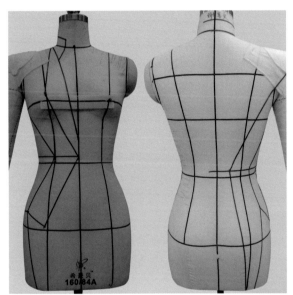
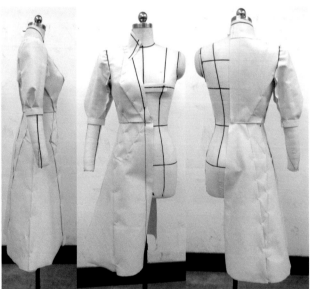

组图3-13 制版过程

■ **作品应用范例四（组图 3-14）**

  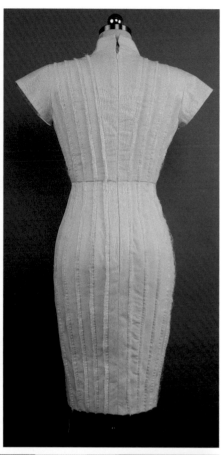

组图 3-14（作者：颜玲玲）

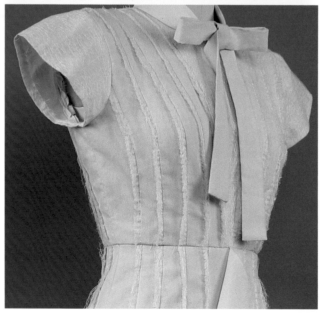

　　此款连衣裙作品造型精巧，全身采用多纵向裁片分割拼合，版型十分合体。蝴蝶结领型、下裙前中心的万能褶造型及每条裁片的镶嵌细节，为服装增添了活泼与时尚感。裙装进行了较多的裁片分割，每四分之一半身各 12 片裁片，全身共 48 片裁片。大量的分割裁片能够将胸腰臀之间的差量均匀地收拢于每条分割线中，使服装造型合体，完美地勾勒出人体曲线。

制作过程（组图 3-15）：

（1）标线：为了制版方便，可先用牛皮纸在人台臀围线下围裹出支撑裙撑。根据款式设计图，在人台及牛皮纸撑上进行标线，标线时需注意前后半身的 24 片裁片分割位置，要均匀分割。前后衣片裁片分割线在肩线处要前后对合，上下半身裁片在腰围分割线处要上下对合，不能有任何偏离，否则会影响视觉的顺畅度。

（2）衣身制版：根据标线位置进行制版，每条裁片采用直丝，拼合裁片时将胸腰臀的余量收拢其中，同时应特别注意箱型结构的塑造。裁片过多时，箱型结构的塑造容易忽略且不易把握。

（3）领、袖制版：领子为立领造型，采用立领的立体裁剪技术技巧制版。在前中心处将领头延长，留出蝴蝶结的系结用量，制版时可先正常做普通立领的版型，而后用另一块坯布制版蝴蝶结。蝴蝶结留取够量后，在拓版时可将蝴蝶结用布与立领的领头部分拼接，一同裁剪为整块布料。此款服装袖子为普通一片袖制版。

（4）万能褶制版：裙子前中心线处的褶浪造型采用万能褶的技术技巧。根据褶浪造型的设计宽度画出万能褶，剪下后选择使用合适的褶浪起伏区域。万能褶别合在前中心处后，褶浪的外边缘可根据设计需要修剪造型。

（5）在成衣制作时，为了增加服装的层次感，在两层坯布万能褶的中间夹缝了两层透明面料万能褶，边缘做毛边处理，使前中心处的褶浪层次丰富、感觉缥缈。同时，为了增添服装的层次细节，每条裁片在拼接缝合时，夹缝中嵌缝两层做了毛边处理的特殊面料，使服装的层次及结构细节更加丰富。

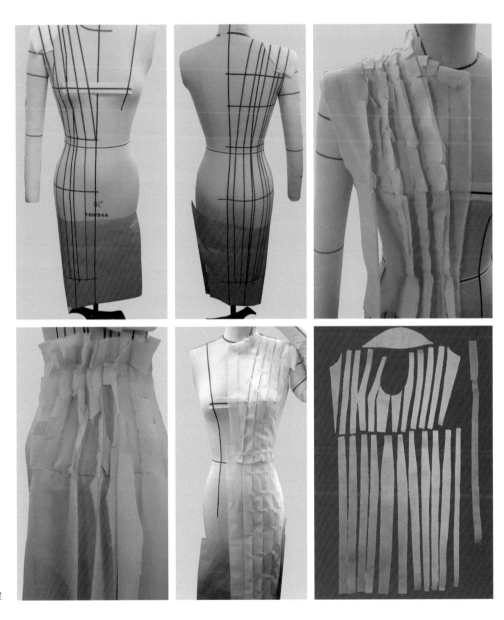

组图 3-15 制版过程

第三节 打褶技术技巧表现

在服装款式中，褶是重要的表现元素，常以集群化的形式出现。它可分布于服装各个部分，有的褶起到单纯的装饰作用，有的褶则在装饰的同时起到无形省道的作用。无形省的褶裥可以轻松地将胸腰臀之间的余量转移到一个个褶皱中去。在丰富、创新服装款式的同时，又达到了使服装适合、塑造人体的目的，所以褶裥也是无形省中最为重要的表现形式之一。

在服装款式设计中，褶裥的表现形式多种多样，主要分为规律褶裥、斜丝叠褶、预先叠褶、自由式褶裥、抽褶等。

一、规则褶裥

规则褶裥的表现形式最为丰富，如纵向垂直褶、水平褶、斜向褶、交叉褶，也可遵循发射、渐变法则制作出发射褶、渐变褶等。另外，叠褶的方向性也是规律褶裥的表达特点，如单方向叠褶、对褶等。

（一）纵向褶

纵向褶的造型有强调高度的作用。由于视错影响，不同的纵向褶会有不同的视觉感受。纵向褶的间距、大小、排列形式及褶的数量都能影响服装美的造型内涵。

■ **作品应用范例（组图3-16）**

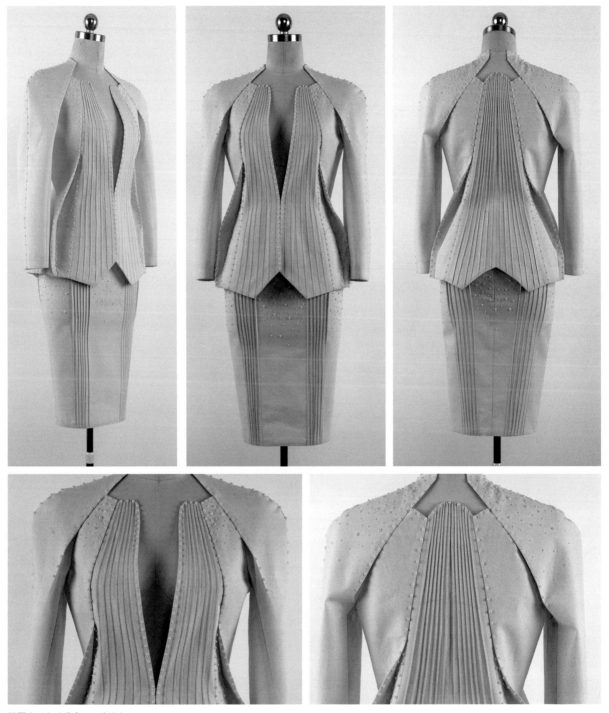

组图3-16（作者：王宏力）

这是一款典型的纵向褶裥作品，作者的设计及制版、制作能力很强，基本功底深厚。作品整体比例优美、流线感强烈，上装前后衣身中心线处做了精致的纵向褶裥造型，将胸腰余量收拢其中。下裙的垂直褶裥顺接上装，满足视觉连贯性，将腰臀余量也收拢进去。服装版型的空间造型，空间转折关系塑造得非常到位，后期装饰也十分精致，作者在制作过程中投入了大量的精力，是一件非常完美的立裁成衣作品。

制作过程（组图 3-17）：

（1）标线：根据设计款式图，在人台上将服装结构线认真地标画出来，标线时注意服装各部分的比例关系以及前后中心处褶裥的间距与斜度。靠近前后中心线处的褶裥较垂直于地面，越往侧身，褶裥越随人体造型倾斜。

（2）上装制版：上装的前后衣身结构基本一致。前后中心处随人体结构叠取纵向褶裥。在叠取褶裥时，要注意叠进量、褶裥的斜度及间距。本款服装褶裥的叠进量不大，褶裥斜度及间距在人台标线时便应充分设计与考虑，叠取时严格遵守标线造型。

服装侧身结构的腰线偏上部分与衣身别合，下半部分打开，形成空间形态。侧衣身面料与中心处褶裥叠取面料为不同坯布制版，拼接线隐藏于打开的空间造型的最里面。分别制版比一整块面料制版的难度要低一些，且空间造型打开的程度也更为充分，不会受到中心衣片的牵制。前后侧身衣片处打开的空间造型的塑造也是整款服装的制版难点。

（3）袖子制版：此款服装的袖子为插肩袖结构，为了更好地塑造合体的插肩袖，将肩线到袖中线的连贯结构线开剪打开，余量收拢进此条结构线中。

从正面看，袖子与衣身的连接处有一处空间造型，设计师在此处叠进少量面料，形成一条空间褶将造型塑造出来。

（4）裙子制版：此款服装的裙子为合体铅笔裙。长度位于膝盖上端。在裙子前后公主线左右，叠取了若干条纵向褶裥，这些纵向褶裥与上装的褶裥形成视觉的顺延，同时也将腰与臀之间的差量收拢其中，起到无形省的作用。

（5）最后设计师选用了本色珍珠作为服装的主要装饰材料，珍珠随服装的结构线分布缝缀，部分区域使用不同大小的珍珠进行散点装饰，为服装增添了精致的细节设计。

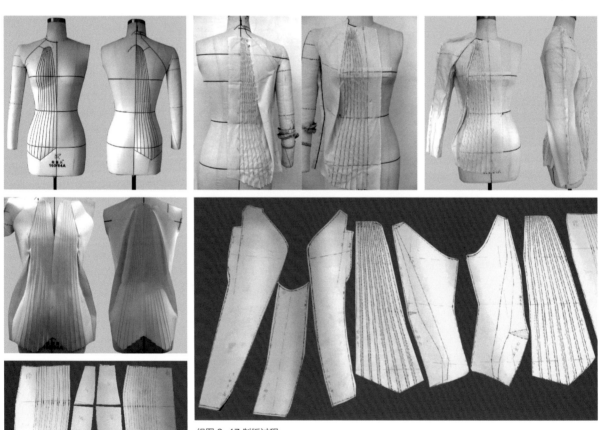

组图 3-17 制版过程

（二）发射褶

发射褶也可以作为塑造人体，分吃省道余量的表现形式。它具有由中心向外展开的旋律美感特征，所以常以服装中的某一个部位为中心（如颈部、腰部或某一条结构线等），放射出无数美丽而自然的褶皱。放射褶的应用能让人感觉到艺术的感染力和创造力，具有一种很独特的审美感受。

■ **作品应用范例（组图 3-18）**

组图 3-18（作者：王宏力）

此款服装与组图 3-16 作品为同一作者，同一系列作品。这是一款小礼服作品，设计重点在不规则的叠褶裙中。前后裙片的褶裥以侧缝轮廓线为中心，呈放射状分布。上身设计较为简单，下裙的叠褶裙设计则颇具难度。裙子左侧为常规的大斜裙造型，右侧则为密集的叠褶造型。

制作过程（组图3-19）：

（1）标线：根据服装设计款式图，在人台上进行标线，标线时注意服装各部分的比例关系。由于不对称裙子的右半身褶裙造型是立体的，不依附于人台之上，故在标线时褶裙部分只标出大概位置即可，不必仔细标画。

（2）上装版型：此款服装的上装非常简洁且十分合体，常规制版即可。

（3）裙子制版：左侧为普通大斜裙造型，可常规制版。右侧褶裙、前后裙身都做叠褶处理。先制作前裙身，找好比例、位置及褶的斜度，从侧面开始叠褶，褶量不要太大。褶以外轮廓侧缝线处为中心，稍微呈放射状分布。根据设计依次叠褶，每条褶在下方轮廓末尾处收进量稍微多些，这样能够使褶裙翘起。由于每条褶的下端叠进量大于上端，故每条褶裥都会形成省道效果，褶的上侧面料会被撑起，立体感较强。后裙片的制版方法与前裙片相同，需要注意的是，在侧缝线处，前后裙片的每条褶裥都应对合上，不能错位。

（4）最后缝合完成，作者选用本色珍珠装饰在褶的结构线中，增添了服装细节效果。

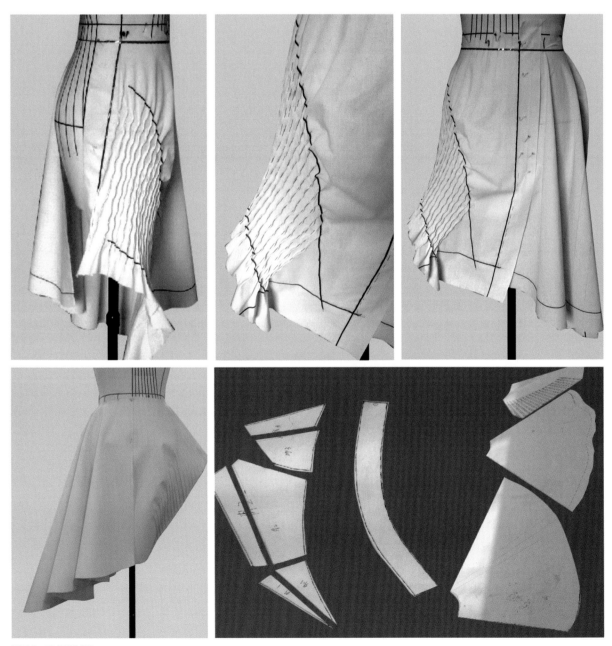

组图 3-19 制版过程

（三）斜丝叠褶

斜丝叠褶是非常有特点的叠褶方式，它主要注重面料的纱向选择，利用面料斜纱方向易变形的特质，能够塑造出流畅、飘逸、随体的褶皱效果。在随体性要求较高的褶裥造型以及褶浪叠进与结束点之间波浪变化较大的褶浪制版时，常常采用斜丝叠褶技术。

■ **作品应用范例一（组图 3-20）**

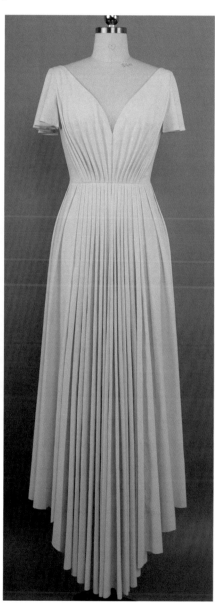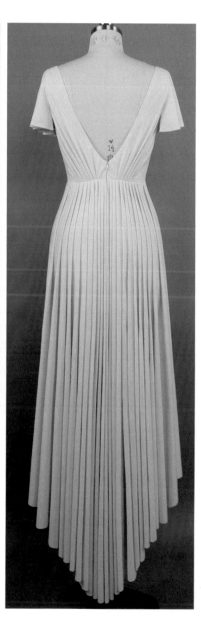

组图 3-20（作者：皮佳新）

这是一款造型非常典雅、大方、优美的斜丝叠褶礼服作品。此款礼服连衣裙在腰线处有分割线，上下身分别制版，上身及下裙都采用了斜丝叠褶的技术特点，上身的褶非常随体，下裙的褶浪则饱满、顺畅、飘逸，立体感很强。想要褶浪达到作品中的效果，必须采用斜丝叠褶技术技巧。

下裙的褶浪是斜丝叠褶的制版难点，它结合了大斜裙制版的技术技巧，采用斜丝导量的制版方法，塑造出每条褶浪。每条褶浪上半部分的叠褶量小（腰部不会过于臃肿），越往裙摆处，褶量逐渐变大，形成饱满、立体的褶浪效果。具体操作技术技巧见本书第 68 页组图 2-89。

制作过程（组图3-21）：

由于褶皱礼服用料较多，制版复杂，可直接将版型作为成衣制作，需打出全身版，版型面料即为成衣面料，可节省面料，避免修版、拓版的繁琐过程。若采用直接制版即成衣制作的方法，需注意在制版过程中要保证面料整洁，不要用笔做任何标记，可手缝棉线做标记。

（1）标线：根据设计款式图在人台上标线，标线时注意上衣褶皱的位置、斜度及个数，下裙褶皱要与上衣褶皱连接对应，不能错位。还要注意服装各部分之间的比例关系。

（2）上身制版：上身的造型比较简洁，为了得到随体、顺畅的褶皱，取面料45°斜丝制版，将45°斜丝对准前中心线，褶皱随人体呈放射状在上半身排列。制作最后一个褶时，应将服装的箱型结构一并带出，把握好上身的空间形态。

（3）下裙制版：下裙采用大斜裙斜丝叠褶导量的制版方法（具体制作方法见第68页图2-89），下裙的叠褶应与上衣褶裥顺畅连接，不要错位。由于裙摆褶量较大，当面料幅宽不够时，可以续接面料，拼合线应藏匿于叠褶下，不要显露出来。

（4）最后根据款式造型，将裙摆修剪。裙摆呈中间长、两边短的造型特点。

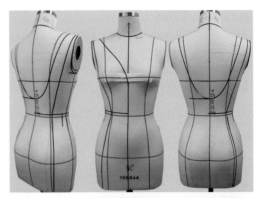

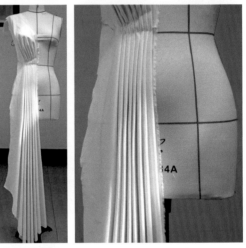

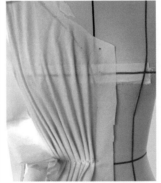

组图3-21 制版过程

■ 作品应用范例二（组图 3-22）

组图 3-22（作者：张鹬子）

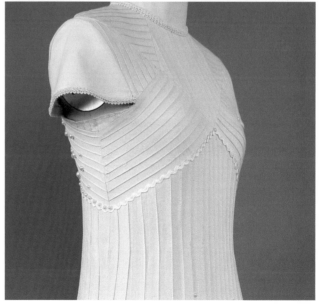

　　此款连衣裙作品由不同方向的叠褶造型拼接构成。胸围线以下的叠褶经由腰部一直到裙摆底部，腰部无分割。作者首次制版时选用了直丝面料，但效果不佳。由于褶裥过长，直丝面料在叠褶时不能很好地适应人体转折，不能将腰部余量完全地收进褶裥中，故在教师建议下更改为斜丝叠褶。改为斜丝后，衣身褶裥的叠取十分顺利，胸腰臀之间的余量能够轻松地分配于褶裥之间。

制作过程（组图 3-23）：

（1）标线：为了裙子制版方便，可在臀围线下围裹牛皮纸撑。根据设计款式图在人台及牛皮纸撑上进行标线，标线时注意区域褶裥的比例分配及斜度造型。

（2）上半身制版：呈八字的下胸围线是连衣裙的上下分割线，可先制版上半部分。上半部分衣身在制版时，可使用直丝面料叠褶，胸部两块区域因起伏较大，可以选用斜丝面料叠褶。各区域在叠褶时，一定注意不同区域间褶的顺接，虽然每区域褶的方向不同，但仍存在连接关系。在叠褶时，注意每条褶裥的宽度与斜度，叠取量根据人体起伏进行变化，将胸部余量收进其中。

（3）裙子制版：裙子制版稍有难度，褶裥由胸下开始经由腰部至臀部再到底摆，在叠褶时应将胸腰臀之间的余量均匀地收进褶裥中。由于褶裥太长，上下牵制，直丝叠褶无法将余量完全且平整地收进其中，故应采用斜丝叠褶。

（4）成衣制作：在成衣缝制时，臀围线以上褶裥缝死，臀围线以下褶裥自然打开，形成散开的裙摆。用本色珍珠装饰裙身褶裥，重点装饰在裙子上。部分结构线装饰细条本色花边，裙摆处缝上宽边蕾丝，增添服装的精致细节。

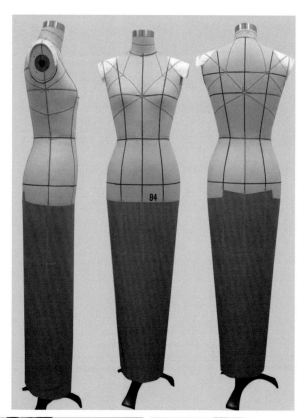

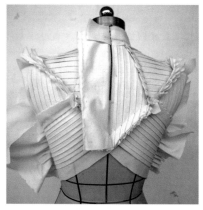

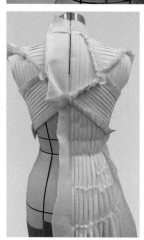

组图 3-23 制版过程

（四）综合叠褶

综合叠褶，即一件完整作品中包含多种叠褶技巧。各种叠褶方式根据款式的需要，适当地安排在相应结构中。

■ 作品应用范例（组图 3-24）

组图 3-24（作者：杨鸿宇）

这是一款以褶皱为主要设计语言的礼服作品，造型典雅、大方，不同方向的褶裥分布于不同的服装部位。领部为横向褶裥；前后衣片腰封以上为纵向褶裥；腰封前片为发射褶裥，后片为水平褶裥；下裙为斜丝叠褶。

制作过程（组图3-25）：

（1）标线：根据款式设计图在人台上标线，标线时注意各方向褶皱的区域分割及每部分结构之间的比例关系。

（2）上衣制版：该款连衣裙在腰部由腰封连接，上身、腰封、下裙应分别制版。上身前片胸部为纵向褶裥，褶裥随胸部造型叠取，叠取褶裥时将胸腰余量均匀地收拢其中。上身后片为垂直褶裥，叠取时也应注意余量的收拢。在前后衣片的褶裥叠取时，要时刻注意箱型结构的塑造。前后肩部为过肩约克造型，正常制版即可。

（3）腰封制版：前片腰封为发射褶裥，以侧缝线为中心，向前中心线均匀发射，后片腰封为水平褶裥。在叠取腰封褶裥时，也应注意腰部余量的处理，将其均匀地收进褶裥中去。

（4）裙子制版：下裙为斜丝叠褶，腰部叠褶时将布量导入，腰部叠褶量不大，越往裙摆处褶量越大。斜丝叠褶裙的具体操作方法见第68页图2-89。

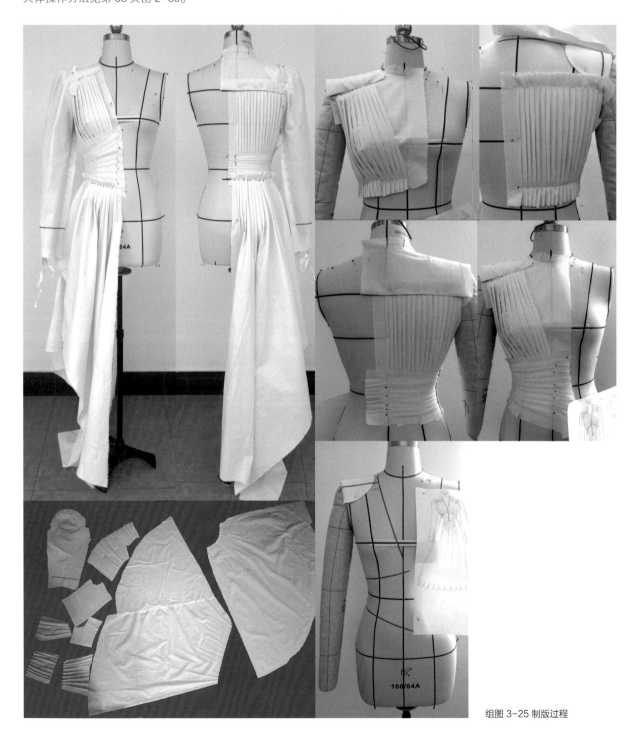

组图3-25 制版过程

二、不规则褶裥

不规则褶裥，即褶裥的形式不遵循一定的叠取规律，可根据人体及服装结构自由塑造。不规则褶裥在形式美上避免刻板，表现出更为灵活与自由的视觉语言。

（一）自由褶

自由式褶皱是相对前述带有一定组织规律的褶皱形式而言的，它常是设计师在人台上进行设计创作时偶然得到的形态。设计师在人台上通过对不同材质面料的抻拉、提拽、缠绕，运用人体各支点的支撑配合，从而得到意想不到的、激发设计灵感的自然形态。自由褶裥的随意性、创意性更强烈，因为是预想不到的结果，所以常常会带给人们惊喜的视觉审美。

■ 作品应用范例（组图 3-26）

组图 3-26（作者：刘语晴）

这是一款充满浪漫与创意的不对称式成衣作品，西服上装中运用了灵活、多变的自由褶造型，搭配本色欧根纱及细腻珍珠，诠释了唯美的浪漫主义风格。

制作过程（组图3-27）：

（1）标线：根据服装款式设计图在人台上进行标线。由于自由褶的随意性较大，可在人台上标出大概位置或不用标画。

（2）上装制版：此款套装的上装为西装款式腰线处分割，右半身衣摆做放射状叠褶造型。腰线以上顺应人体结构做自由褶设计。

右半身腰线以上的自由褶设计延续腰线以下的每一条叠褶，而后围绕胸部向上攀延至右袖处。攀延过程中叠褶逐渐展开并起伏变化，在右袖处将叠褶面料抻拽塑造出凹凸的花苞造型。在自由褶皱的起伏结构中点缀本色珍珠，增添服装的精致细节。

左半身的自由褶皱为辅助造型，由左腰线处开始，围绕左胸部呈曲线状顺延至后衣片。左半身褶皱比较自由，没有明确的叠褶规律，在起伏结构中搭配了层层的本色欧根纱及珍珠，使此部分结构层次丰富。

（3）裙子制版：此款服装的裙子为不对称式大斜裙制版。左侧裙子较长，右侧裙子较短，底摆起伏不规则。在较短的右侧裙子处，覆盖了多层长短不一的本色欧根纱，增添了服装的浪漫气息。

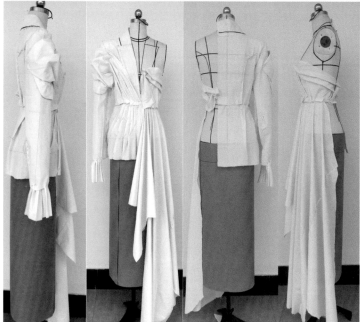

组图3-27 制版过程

（二）抽褶

抽褶是经常用到的褶皱形式，也是处理省道余量的常用方法。抽褶有不同的形成方法：一是用缝纫机大针脚在布料上缝好以后，再将缝线抽紧，布料自然收缩形成的褶皱；二是用有弹性的橡皮筋、带子等拉紧缝在布料上，再自然回弹将布料抽紧形成褶皱；三是将要抽褶的面料边缘车缝成筒状，然后将绳子穿进筒中抽紧即可。

抽褶具有自由式褶皱的特点，自然、流畅、活泼、多变。抽褶设计可以运用到人体多个部位，如颈部、肩部、胸部、胯部、腰部、膝部等。在抽褶部分确定好后，可以对抽出的褶皱稍加调整以顺应人体走向分布，也可对这些自然褶皱再处理，如叠压熨褶，使抽出的活褶压熨为死褶后再造型。

■ **作品应用范例（组图 3-28）**

组图 3-28 制版过程

组图 3-28 至 3-29 作品是鲁迅美术学院师生团队参加 2019 年"第十三届中国大学生服装立体裁剪设计大赛"的铜奖作品。作品造型新颖，富有创意。衣摆处的立体造型结构是服装的设计重点元素，服装的袖子及后背衣摆处则采用了抽褶的技术手段，起伏的波浪后摆使服装流线感强，造型自然顺畅。裙子为斜丝叠褶裙型，褶浪饱满、立体，密集纵向褶皱的线性特征拉长了服装的视觉效果。组图 3-29 为成衣作品，组图 3-30 为坯布样衣作品。

组图 3-29（作者：王雪晴、石玮琦、王博宇）

制作过程（组图 3-30）：

（1）标线：根据款式设计图在人台上标线。标线时注意服装各部分结构之间的比例关系。

（2）裙子制版：为了更好地把握上装与人体之间的空间关系，可先制作裙子。裙子为斜丝叠褶裙，采用大斜裙的斜丝叠褶导量的制版方法，具体操作方法见第 68 页图 2-89。

（3）上装制版：上装部分的具体结构，可在已经打好版的褶裙上用标志线再标画一遍，方便制版。上装的前衣摆立体结构是设计的重点，制版时将衣摆结构立体化，制作出底面和侧面可分割裁片。

后衣片整体采用抽褶技术技巧，在横背宽线上端设置抽褶线。估算好后片面料的宽度，然后将 1.5cm 左右宽度的松紧带拉直，车缝在面料上，松开松紧带后，面料自然收缩形成抽褶。将抽褶面料附着在人台背部，调整抽褶使其适合人体结构，后衣摆处波浪调整出主要造型。将衣摆修剪成中间短、两边长的特点，修剪时应从侧面仔细观察褶浪衣摆与服装其他部分的顺接关系是否自然顺畅。

（4）袖子制版：此款服装袖子为过肩袖，腋窝偏下部位连接抽褶袖。制版时估算出抽褶量保证袖长，在袖子正面中心处用大针脚车缝，也可手针平缝，然后将缝纫线抽紧，调整褶皱松紧度即可。

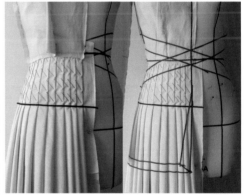

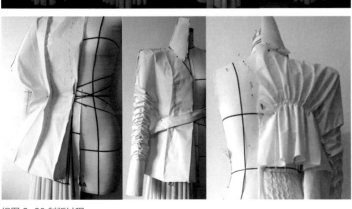

组图 3-30 制版过程

第四节 编织技术技巧表现

编织技术技巧是用条状的面料在模特或人台上进行交叉编织或扭转连接的方式。编织技法极具秩序和方向感。编织的方法多种多样，有十字编织、人字编织、网状编织、套结编织、菱形编织、叠褶编织、自由编织等。当然还有很多样式的存在，编织的方法是不断探索发展的。

无论何种编织方法，都可以与省道转移技术技巧相结合，在应用部位将余量收归进编织材料之中，如在双乳隆起和收腰部位将省道的余量分布于各条状面料间的编织之中，能够得到合体的理想服装造型。

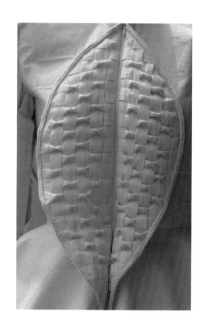

组图3-31套装是一款典型的编织作品。布条在翻领、袖子、后背处做了十字编织构成，尤其是翻领部分布条排列得最为紧密，编织的面积也最大，且编织的结构富有变化，是服装的视觉焦点。设计师为了打破十字编织的单调感，将纬线布条做了捏缝处理，编织效果更具肌理感。

袖子袖口部分也为编织技法，袖口以上袖子为经线布条排列，线性感强，在袖口部分加入纬线布条进行编织，使造型疏密有致，富有变化，丰富了服装的设计细节。

■ **作品应用范例（组图3-31）**

组图3-31（作者：刘卓明）

第五节 面料纱向技术技巧表现

面料是制作服装的主要媒介，是决定服装审美的基本格调。面料等纺织品的出现使人们得以制作出冬暖夏凉、美化身体的多彩服饰，它不仅满足着人们的生理需要，也满足着人们的审美需求。随着社会的进步及纺织技术、缝纫技术的飞跃发展，面料已发展得千变万化、琳琅满目，在服装设计与制作中，运用面料的特殊性进行设计的作品层出不穷。通过有些面料的特性可以将本无法避免的省道量彻底转移走或消减掉，制作出意想不到的视觉效果。在运用面料的特性制作服装时，主要采用不同纱向及质地的特性来进行。

通常情况下，服装制作都采取纵向经纱、横向纬纱的垂直方向，纵向的经纱垂感很强，以它作为衣身纵向得到的服装非常笔挺、干净利落、不易变形。随着裁剪技术的迅速发展，20世纪20至30年代的法国时装设计师马德琳·维奥内（Madeleine Vionnet）发明了震惊全球时装界的斜裁技术，从此服装的外观演绎更加千变万化。斜裁，即裁片的中心线与布料的经纱方向呈45°夹角的裁剪法。斜裁的魅力来自利用布料的自然垂坠，使其完美服帖地裹着身躯，将人体美、服装美、心理美、动势美合而为一。斜裁的衣裙看似修身，但纤盈中空间足够，绝不紧绷。裙摆呈流畅的波浪翻卷，和谐地飘然起舞，像神话中所见的希腊女神形象。除了弹性面料外，普通面料斜纱的伸缩性要大大超过经纱和纬纱，在今天流行简约主义的都市时尚中，利用面料的特性美进行服装设计的技巧将大行其道。

■ **作品应用范例一（组图3-32）**

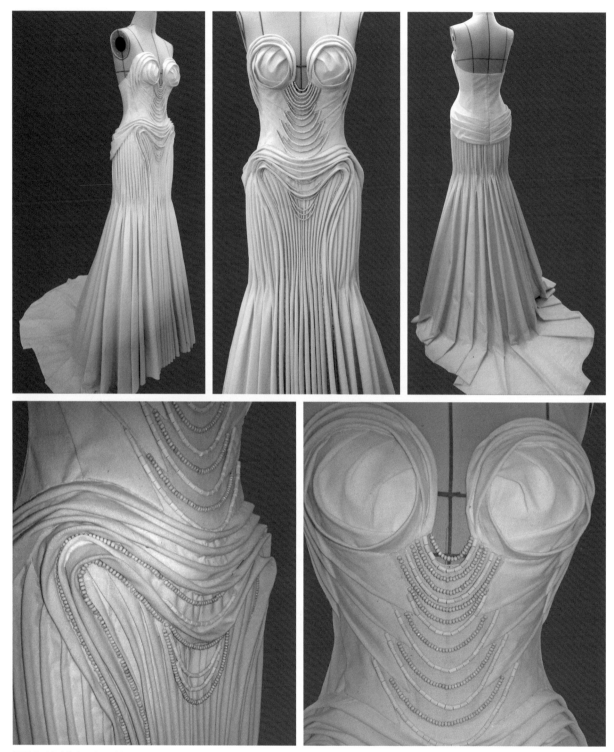

组图 3-32（作者：何艳迪）

　　这是一款充分利用了面料斜纱特性而制作的晚礼服作品，造型极其高雅、大方，服装布满了流畅的面料转折及褶皱，充分体现了服装的柔顺及线性美。上身面料顺胸部层层盘绕呈玫瑰花形，而后从肋部自然发射顺转至前中心处，顺接鱼尾裙胯部的横向弧线褶皱。鱼尾裙上褶皱纵横密集，胯部横向褶皱在前中心处逐层弯曲呈心形，顺进裙摆密集的纵向褶皱中去。

　　整款礼服无论是上身随体盘绕的玫瑰花造型，还是下方鱼尾裙的顺畅褶皱，均需采用 45° 斜丝面料制作。设计者充分利用了斜丝面料顺畅、易弯曲、贴体、自然垂坠等属性，将作品完美地制作出来。

制作过程：

1. 初步试验：设计师根据对作品的分析，用斜丝面料在人台上初步试验上身玫瑰花造型及裙子的斜丝叠褶造型。在试验的过程中，进一步了解并掌握面料特性与造型之间的关系，如图 3-33 所示。

2. 正式制版：此款服装制作过程中，可采用成衣的制作方法进行制版，省略拓版过程，需制作全身版型。另外，作者遗憾没有将人台补正、标线及裙撑的制作过程进行拍照，故过程照片有所缺失。

（1）人台胸部补正：此款服装为晚礼服作品。礼服一般较为合体，充分凸显人体曲线，特别是胸部曲线，故在制作之前通常要将人台胸部进行补正。胸部形态是礼服制作的灵魂之处，选择合适的胸垫进行补正非常重要。此款服装胸部为圆形玫瑰花造型，胸垫选择厚度合适的正圆形即可。

（2）制作裙撑：此款服装为鱼尾裙造型，利用硬纱网、树脂粘合衬裙撑制作鱼尾裙撑。鱼尾裙撑的制作方法可参照第 97 页组图 2-133。

（3）人台标线：在补正好的人台及裙撑上，根据服装设计款式进行标线，标线时注意服装各部分的比例关系及服装曲线的顺畅衔接关系。

（4）鱼尾裙制版：在鱼尾裙撑上进行制版，整体裙子采用斜丝叠褶的技术技巧。由于裙子用布量较大，普通布幅宽度无法满足裙子需要，故可进行拼接，拼接线应隐藏于褶皱底部，不要显露出来。

首先，制作裙子下层中间部位的纵向叠褶，如图 3-34，采用斜丝面料叠取，利用斜丝特点，上部叠褶量可小一些并逐渐倒进摆量，越往裙摆，摆量越大，制作原理见第 68 页图 2-89。

其次，制作中心褶皱上方的心形褶皱，斜丝面料能够顺畅地将心形勾勒出，两层心形褶皱遮盖住中心褶的上缘，而后顺延进裙摆纵向褶皱里。裙子侧部为密集的斜丝纵向叠褶，侧缝线处的叠褶注意塑造裙子的外轮廓型，如图 3-35 所示。

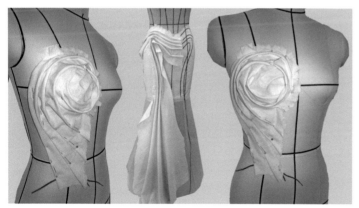

图 3-33 初步试验

图 3-34 裙子叠褶制版

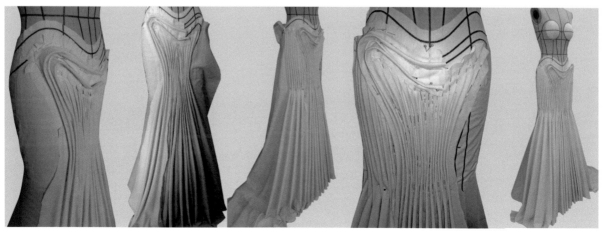

图 3-35 裙子制版

　　然后叠取裙子后片褶皱,后片为密集排列的纵向褶皱,面料不够可拼接面料,拼接线隐藏于褶皱底部,如图3-36所示。

　　最后制作裙子胯部的横向褶皱,用斜丝叠取三层横向的弧线褶皱,将纵向及心形褶皱的边缘覆盖住。最外层横向褶皱上接上身造型。

　　(5)上身制版:首先将上身的紧身底衣制作出,在底衣之上进行层叠玫瑰花造型的塑造,底衣衣摆处叠进覆盖并连接下裙胯部的横向曲线褶皱。

　　在胸部中心处用斜丝叠褶制作造型螺旋的中心,而后可再取斜丝面料围绕胸部向前中心处盘绕。在转弯处将面料叠褶改变方向。注意每层褶的折叠造型线的斜度,呈放射状在前身分布,如图3-37所示。

　　(6)成衣制作:此款服装制版即成衣,可采用车缝及手针缝相结合的方式缝制成衣。已造型并固定好的位置,为避免取下车缝后变形,可直接用手缝针的偷针针法将人台上的结构造型缝制在底衣之上,如图3-38所示。

　　(7)成衣装饰:此款服装除版制作精良外,服装的装饰细节也十分到位。设计师将本色管状及球状的木珠串成珠链,在上身前中心部分顺服装造型做下凹的曲线排列。珠串亦装饰于裙子的褶皱之间,顺心形及纵向褶皱点缀。

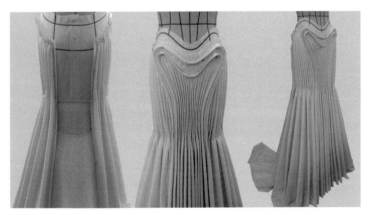

图3-36 裙子制版

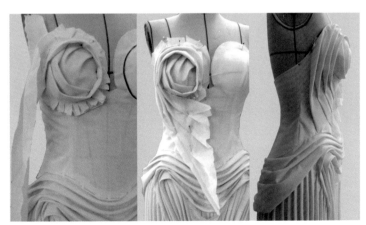

图3-37 胸衣制版

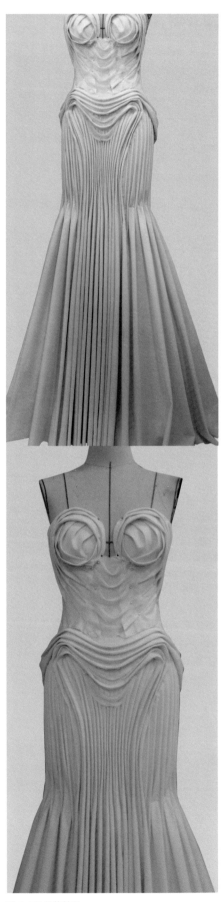

图3-38 最终效果

■ 作品应用范例二（组图 3–39）

组图 3-39（作者：李琳）

这是一款造型高雅、大气的礼服作品，腰部合体，裙摆庞大，袖型外放呈典型的 X 型廓形。服装的前身设计比较简洁，背面是设计的重点。在袖子的背面及裙子的后中、后侧部装饰了大量的万能褶皱，这些褶皱分组密集排列，视觉效果震撼。

制作过程（组图3-40）：

（1）人台补正与裙撑制作：选择适当胸垫对胸部进行补正。用多层硬纱网制作伞型裙撑，裙撑呈前短后长造型，制作时注意裙撑侧面的廓形，修剪时注意纱网的层次关系。

（2）上身制版：上身造型比较合体，箱型结构较弱。前衣身侧面设计有两条纵向分割线，由领口开始经由胸侧至衣摆底。由于此两条分割线距离BP点较远，不能完全收进胸腰余量中，故在公主线处又设计了一条省道。此条省道长度超过BP点，将剩余胸腰余量全部收进其中，在胸部上方结束，余下一小部分余量呈活褶造型。

（3）袖子制版：此款服装的袖子为圆装袖造型，袖子外轮廓型比较夸张，呈外放形态。制版时只需将袖中线打开，利用该条分割线将外放造型塑造出来即可。

（4）裙子制版：裙子为对褶裙造型，在庞大的裙撑上进行裙子塑造。制版时注意前片的叠褶造型，褶量不要太小，注意腰部叠褶量的多少对裙摆起伏转折的影响。裙子侧缝线附近亦有一条叠褶，通过叠褶将裙子的外轮廓塑造出来，斜度要够。塑造裙子时应从正、背、侧三面观察裙子形态，保证裙型每个角度都完美。

（5）装饰万能褶：此款裙子的设计重点是密集的装饰褶造型。在服装的衣袖背面、裙子侧面及裙子后中心处，装饰有大量的分组密集褶皱。这些褶皱自然飘逸，富有规律且有缓有急，带来了震撼的视觉感受。

然而这些褶皱的制版技术极为简单，采用万能褶的制版技术技巧即可。选取万能褶合适的宽度与曲度，密集装饰在服装指定部位上，亦可在万能褶波浪的基础上进行进一步叠褶，从而使整条万能褶的起伏规律出现变化，达到有缓有急的视觉效果。

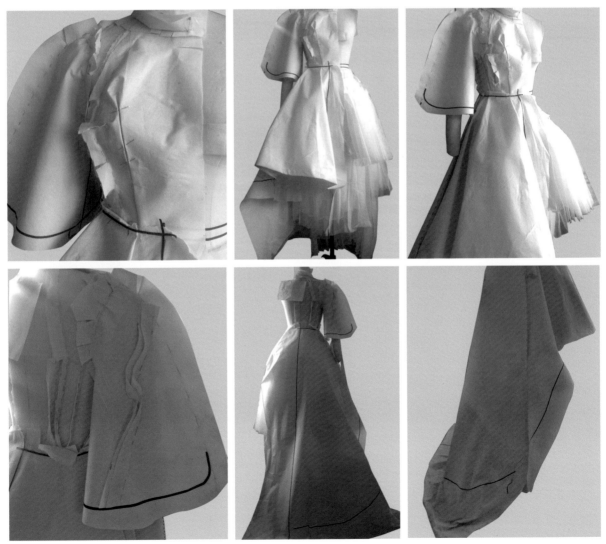

组图3-40 制版过程

第六节 肌理技术技巧表现

肌理是对面料的二次处理表现，即将二维的面料按照一定的规律手法，进行二次的加工处理，使其更加丰富、立体，富有变化。在立体裁剪作品中，肌理尤指对坯布面料的技术处理，使单调的白坯布丰富而充满细节，从而使白坯布立裁作品更加精致有看点。

面料肌理的处理方法多种多样、千变万化，一般的服装院校都开设有"面料再造"课程，专门研究面料肌理的各种表现技法。常见的面料肌理技术方法有堆积法、重叠法、编织法、水边法（毛边）、纫缝法、刺绣法等。白坯布面料在选择肌理处理方法时应注意白坯布的面料属性，如乳白色、硬挺、易水边（毛边）等。

■ **作品应用范例一（组图 3-41）**

组图 3-41（作者：刘卓明）

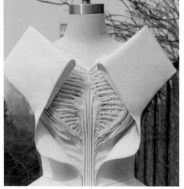

此款作品是鲁迅美术学院学生参加 2013 年"第七届中国大学生立体裁剪设计大赛"的初赛作品。服装造型夸张、生动、有趣，灵感来源于螃蟹的腮，取名《呼吸》。

此款服装前胸部的肌理结构是作品的设计中心，也是视觉重点。设计师对白坯布面料做出了富有创意的肌理处理，使服装的细节十分精致到位。后来该学生在正式参加"第七届中国大学生立体裁剪设计大赛"时，将此款礼服作品进行了修改，将其变化为成衣作品，作品参赛展示照片曾风靡于国际 Pinterest 搜图软件中，如图 3-42。该款作品解析见第 147 页组图 3-44。

图 3-42（作者：刘卓明）

制作过程（组图 3-43）：

（1）标线：根据服装设计款式图，在人台上进行标线。此款服装前胸部的肌理结构附着在合身底衣之上，故可先做出合身底衣，再在其上进行标线。

（2）前胸肌理制作：底衣上的肌理结构是此款服装设计及制作的重点部分。胸部对称的弯月造型模拟蟹腮结构，以横向的空心叠褶为主要肌理骨架，在每条空心褶间填充了毛边处理的本色纱布，增添结构层次。再由对称弯月褶结构的中心处向四周用本色木珠做渐变放射状装饰，起到点的视觉作用。前中心线处设计了 5 条纵向裹绳结构，似管道连接，将胸部的肌理结构顺至腰部。

用窄边斜丝布条按照对称弯月造型的边缘轮廓，做密集多层排列，部分窄边可做捏缝造型，进一步丰富其内部结构。密集的窄边组合起到了衬托弯月造型及造型过渡的作用。

（3）上衣制版：上衣的外廓形造型自然和谐，肩领合一，自然翻折。制版时使用整块坯布不分割，造型时注意正面与侧面的转折关系及空间关系。

（4）裙子制版：此款礼服裙型蓬起，可在内部制作裙撑，并利用侧缝线及结构省道线塑造立体裙型。裙下为布条肌理，选用斜丝坯布条、纱布条等做密集交错造型。

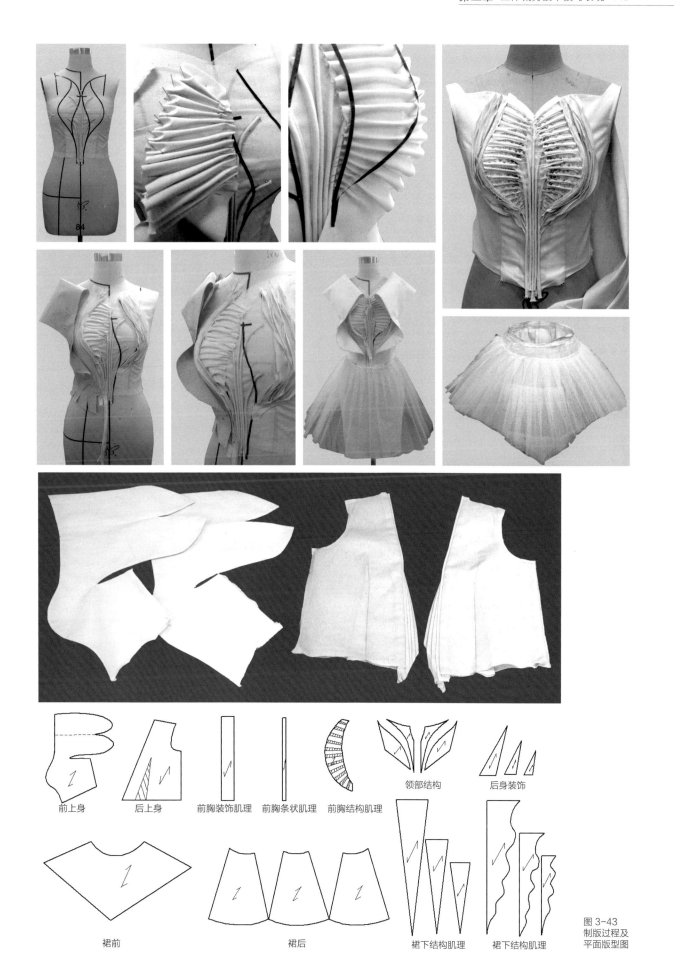

前上身　　后上身　　前胸装饰肌理　前胸条状肌理　前胸结构肌理　　领部结构　　后身装饰

裙前　　　　　　　　裙后　　　　　　　裙下结构肌理　裙下结构肌理

图3-43
制版过程及
平面版型图

第七节 空间量感技术技巧表现

在本书的第一部分，着重阐述过服装与人体之间的"空间"关系，并将"空间形态"这个重要问题一直贯穿于书的每一个部分、每一个案例。在本书的最后一个章节，还要将服装与人体之间的"空间"关系旧事重提，足可见"空间"问题在立体裁剪制版中的重要性。

一、"空间"是立体裁剪制版研究最为重要的问题

"空间"是立体裁剪制版研究的最高问题。服装与人体之间、服装各部分之间，面料与量感之间的"空间形态"关系是每一位立裁大师始终在不断追寻、探索、研究的话题。

"空间"也是立体裁剪制版研究最基础的问题。服装要为人体服务，要始终考虑到人体的舒适度及审美性，服装的空间正是解决这一问题的关键。服装中最为常见的空间形态为"箱型结构"及服装松量，这是立体裁剪制版中最为基础的问题，也是必须要解决的问题。

二、空间形态的塑造基础是坚实的基本功训练

除"箱型结构"及服装松量以外，服装各部分之间面料的立体转折起伏关系、廓型所形成的"空间量感"也要着重考虑，也更具有研究深度。服装的"空间量感"实际上是立裁感觉的问题，设计师能够根据不同的服装设计款式，制版时在人台上寻找到专属于这款服装独特的"空间形态量感"，并将其准确地表现出来。这种能力的培养需要扎实的专业基础训练，练好立体裁剪基本功，打好坚实基础，才能培养出独特的眼力与技能，抓住关键问题，一击中的。

三、空间形态的造型关键是"张弛有度"

在寻找及表现作品的空间形态时，不能一味地只追求"空"与"松"。事物都是相对的，若想更好地表现出"空"，就要适当地表现出"紧"。当然，这里的"紧"并不是束缚的"紧"，而是面料与人体适当的贴合。利用适当的贴合能更好地表现出空间，利用适当的贴合也可以为空间形态找到支撑的落脚点。张弛有度，收放自如，才是空间形态的造型关键。

■ **作品应用范例一（组图 3-44）**

组图 3-44（作者：刘卓明）

　　此款服装的空间形态关系处理非常到位，从正、侧、背三面观察，都会发现有趣的空间量感。前衣身箱型结构关系强化，箱型造型顺延至连肩袖处与袖子形态连接，从侧面可以看见自然舒适的空间转折。外套衣襟与内裙自然衔接，过渡自然流畅，富有层次空间感。腰部面料适当的贴合更好地衬托了领肩部及胯部造型的空间形态，也为这些空间形态提供了关键的支撑。

制作过程（组图3-45）：

（1）标线：根据款式设计图在人台上进行标线，标线时注意服装各部分之间的比例关系。

（2）外套制版：此款服装的结构设计非常有趣，前中心处的肌理结构为单独一件背心内衣，下身裙子与连身袖外套实为一件服装，裙子侧缝与外套侧缝分割线缝合在一起成为一条结构线。

在进行外套制版时，应着重注意箱型结构的形态，箱型结构关系要强化，肩端点至腰部的箱型空间要留足，使服装箱型能够与连身袖之间的连接明显化。注意箱型的转折，从侧面看，服装箱型、连身衣领腾起的空间与衣袖的形态要衔接自然，空间量感明确且合理。要想达到理想效果，需要设计师反复斟酌、试验与寻找。在试验过程中，为了得到优美的空间形态，可灵活运用省道或分割线辅助塑造。

（3）前胸肌理制作：此款前胸的肌理结构与第143页组图3-41作品相同。对前述礼服作品进行更改后，肌埋内衣保留，并在此款成衣作品中沿用。

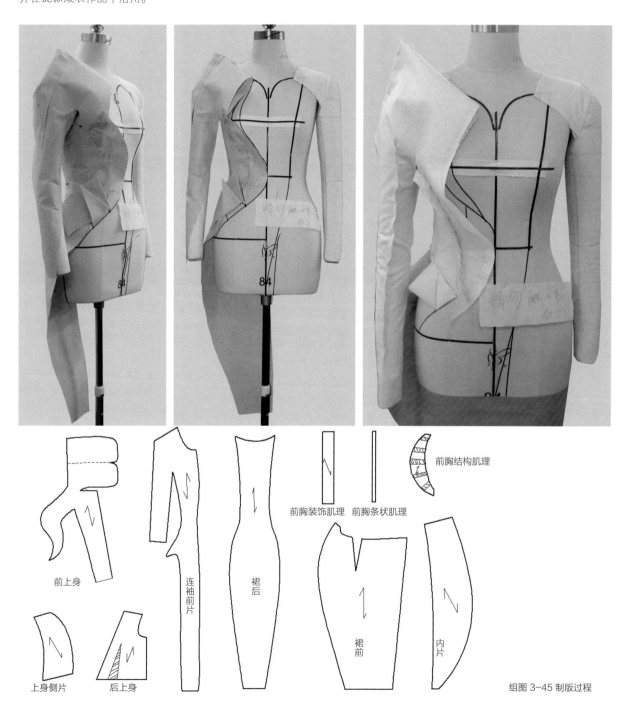

前上身

上身侧片　　后上身

连袖前片

裙后

裙前

内片

前胸结构肌理

前胸装饰肌理　前胸条状肌理

组图 3-45 制版过程

■ **作品应用范例二（组图 3-46）**

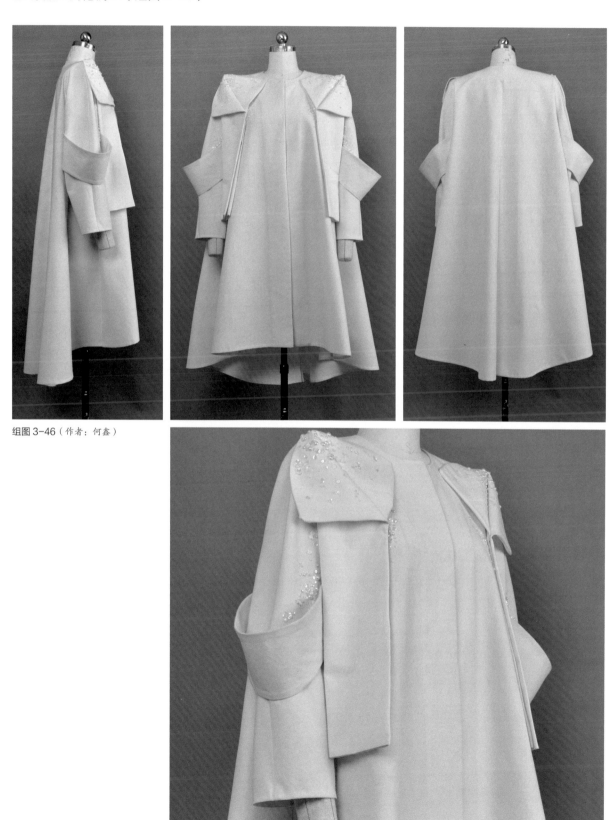

组图 3-46（作者：何鑫）

　　这是一件造型大气且空间量感十足的大衣作品。服装造型非常简洁、生动，衣身波浪起伏流转。作品的空间形态自然、流畅，转折微妙，服装与人体之间关系合理、空间充足，给人以舒适感。

制作过程（组图 3-47）：

（1）标线：将人台调整到展示高度，确定衣长比例。根据服装款式设计图在人台上进行标线，标线时注意服装各部分结构之间的比例关系。

（2）衣身制版：此款大衣为三片身结构：前衣片、后衣片及侧肋片。服装为连身袖结构，A 字廓形。A 字廓形类的服装在立体制版中具有一定的难度，它需要在人体与服装之间留取足够的空间，才能够保证造型的准确。一般 A 字廓形服装在肩部及袖窿部位较合体，从腋下开始利用开剪导量原理出 A 字型，逐渐追加面料空间。

① 前衣片制版：前衣片在制版时，应注意箱型结构及 A 字廓形的塑造。采用直丝面料，面料前中心线与人台前中心线贴合别好。肩端点处面料贴合人体，以更好地塑造箱型空间。在人体转折处留取箱型结构，并利用箱型结构将外侧面料往内推，塑造 A 字廓形。若面料牵扯受限，可在前腋点处从外侧横向开剪至腋点，利用剪口可轻松地将面料推入，方便 A 字廓形的塑造。前衣身 A 字廓形的波浪位置大致在箱型结构偏侧位置，波浪大小应比后衣片 A 字波浪小，从正面能看见两层波浪效果。

② 后衣片制版：后衣片制版同前片基本一致，箱型结构位置在后嘎背即靠近袖窿线处，利用后片箱型结构空间，将 A 字廓形的空间量导入，若面料受牵制，亦可在后腋点处从外侧横向开剪至腋点，利用剪口将 A 字波浪造型导入。后片的 A 字波浪要比前片的 A 字波浪量大，从服装正面能够看见后衣片的波浪并与前衣片 A 字波浪形成层次递进关系。

③ 肋侧片制版：服装肋片制作较为简单，不用在肋片上添加箱型结构，只需将前后衣片剩余的人台肋部区域覆盖上即可，注意直丝纱向并在肋片处适当留取松度。肋片衣摆要与前后衣片衣摆修剪衔接圆顺。

④ 连身袖制版：此款服装袖子为连身衣袖，在塑造前后衣身造型时，注意前后袖片的塑造。袖片制版时，将衣身留取足够 A 字型空间波浪后，面料在假手臂与人台之间尽量往里推送，以方便造型。连身袖制版方法可参考第 31 页组图 2-33。为保证袖型完美，可在袖底部增加一个小袖片，形成三片袖构成。

（3）肩袖装饰：在肩部及袖部，根据设计图翻折出贝壳形状的装饰结构，用直丝布条制作即可。最后在肩部贝壳状结构处用亮片进行渐变点缀。

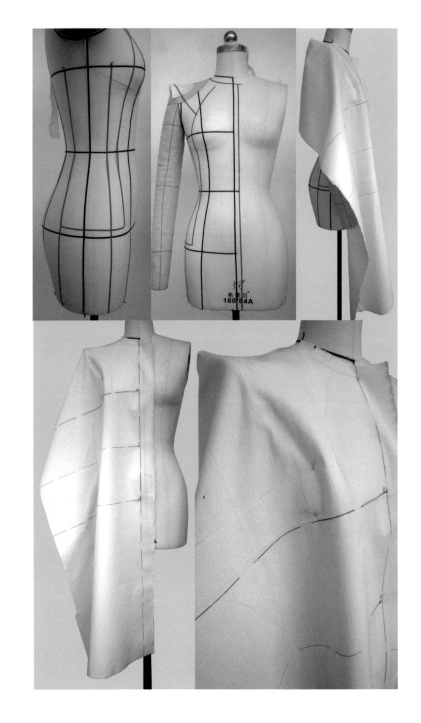

组图 3-47 制版过程

■ 作品应用范例三（组图 3-48）

组图 3-48（作者：巩新宇）

　　此款礼服作品造型优雅大方，具有空间量感的裙摆是造型的重点及难点。此款礼服的裙子部分极具立体空间感，且支撑空间的形式也与众不同。设计师未使用任何支撑材料（如裙撑、龙骨、铁丝等）进行支撑造型，而是完全采用立体裁剪制版技术技巧达到支撑效果。

制作过程（组图3-49）：

（1）标线：根据服装款式设计图在人台上标线，标线时注意服装各部分的比例关系。

（2）上身制版：上身为合体造型，在前中心处有褶皱设计。将胸腰余量全部转移至前中心线处，以V字领底点为中心，将余量做发射状叠褶，调整好褶的方向、形态。

（3）裙子制版：裙子为上下两部分结构，最上层结构与上身相连，为起伏的波浪，采用大斜裙制版方法制作即可。这些大斜裙波浪同时起到了支撑裙子空间的重要作用，制版时应仔细调整每个波浪的褶量。褶量要充分，波浪谷底贴合人体，起到一定的支撑作用，谷峰支起每个波浪的谷峰应在一个水平面上。而后将裙子下半部分与上半部分拼接即可。此款裙子的支撑完全依靠上半部分大斜裙褶浪，成衣制作没有采用任何支撑材料及裙撑。

（4）重量分担：当成衣制作好穿着于人体上时，会发现裙子过沉，从而将衣身下拽，原本能够撑起空间的裙子也会瘪塌下去，成衣效果与制版时完全不一样。造成这种现象的原因是成衣穿着时，不能再借助大头针将面料钉在人台上分担裙子重量。解决的方法也很简单，在裙子上下身缝合缝份处钉两条肩带，挎在肩膀上，即可承担起裙子的重量，成衣的效果再不会受到影响。

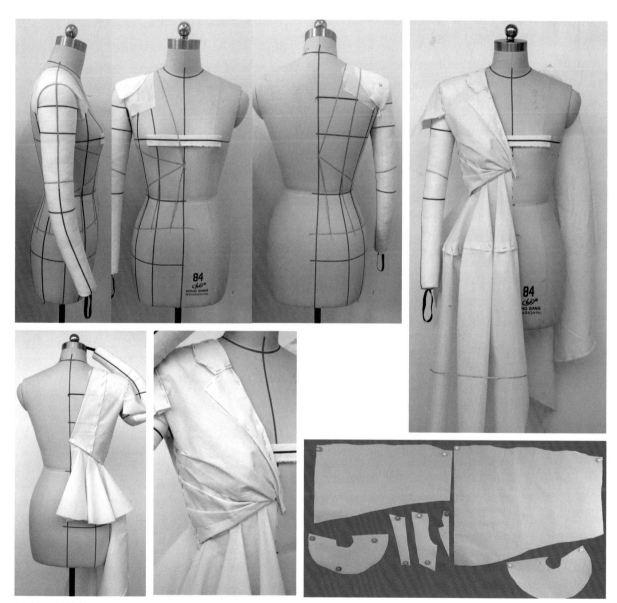

组图 3-49 制版过程

参考文献

1. 张馨月 . 服装创意立体裁剪 [M]. 上海：东华大学出版社，2017.

2. 邱佩娜 . 创意立裁 [M]. 北京：中国纺织出版社，2014.

3. 理查德·林韦斯 . 欧洲服装结构设计 [M]. 上海：东华大学出版社，2018.

4. [日] 日本文化服装学院 . 立体裁断·基础编 [M]. 东京：文化学园文化出版局，2014.

5. [日] 中道友子 . パターンマジツク [M]. 东京：文化学园文化出版局，2014.